Mastercam 数控加工完全自学丛书

图解 Mastercam 2022 车铣复合编程入门与提高

朴 仁 编 著

机械工业出版社

本书围绕 Mastercam 2022 介绍车铣复合编程基础知识和实践技巧。全书共 11 章，第 1～3 章分别介绍了车铣复合机床的种类、常用的工装夹具及刀具、车铣复合编程常用的绘图技能、Mastercam 2022 车铣复合编程的工艺要点；第 4、5 章介绍了 Mastercam 2022 车铣复合编程中的车削编程和铣削编程知识；第 6、7 章介绍了 Mastercam 2022 XZC 三轴联动车铣复合机床零件编程实例、XZC 三轴联动车铣复合机床的后处理制作；第 8、9 章介绍了 Mastercam 2022 XYZC 四轴联动车铣复合机床零件编程实例、XYZC 四轴联动车铣复合机床的后处理制作；第 10 章介绍了 Mastercam 2022 双主轴 XYZC 四轴联动车铣复合机床零件编程实例；第 11 章介绍了 Mastercam 2022 XYZBC 五轴联动车铣复合机床零件编程实例。

本书提供书中实例源文件、实例的后处理源文件，以及实例的演示视频。读书可通过扫描书中相应二维码获取和观看。

本书适合数控技术人员和相关专业学生使用。

图书在版编目（CIP）数据

图解Mastercam 2022车铣复合编程入门与提高/朴仁编著．—北京：机械工业出版社，2024.3

（Mastercam数控加工完全自学丛书）

ISBN 978-7-111-75213-4

Ⅰ．①图…　Ⅱ．①朴…　Ⅲ．①数控机床-加工-计算机辅助设计-应用软件　Ⅳ．①TG659.022

中国国家版本馆CIP数据核字（2024）第043352号

机械工业出版社（北京市百万庄大街22号　邮政编码100037）
策划编辑：周国萍　　　　　　责任编辑：周国萍　刘本明
责任校对：郑　雪　牟丽英　封面设计：马精明
责任印制：刘　媛
涿州市般润文化传播有限公司印刷
2024 年 5 月第 1 版第 1 次印刷
184mm×260mm·7.5印张·127千字
标准书号：ISBN 978-7-111-75213-4
定价：69.00元

电话服务　　　　　　　　　网络服务
客服电话：010-88361066　　机　工　官　网：www.cmpbook.com
　　　　　010-88379833　　机　工　官　博：weibo.com/cmp1952
　　　　　010-68326294　　金　书　网：www.golden-book.com
封底无防伪标均为盗版　机工教育服务网：www.cmpedu.com

前　言

Mastercam是美国CNC Software Inc.公司开发的基于PC平台的CAD/CAM软件。作为老牌的CAD/CAM软件，Mastercam具有强大的二维、三维、车铣复合多轴编程、刀具路径模拟及真实感模拟等功能，广泛应用于模具制造、模型手板、机械加工、电子、汽车和航空等行业。

Mastercam基于PC平台，具有易学易用、较高性价比的特点，是广大中小企业的理想选择，也是CNC编程初学者在入门时的首选软件。编者一直从事CAM车铣复合编程的工作，通过自身的学习，对教学资料的优劣势有切身的体会。对读者而言，除了需要经验丰富的老师指点以外，一本实用性强、好用、易懂的参考书是更为必要的。在学习过程中，老师是一个领路人，而参考书更能成为读者的亲密伙伴。

为了使读者便于学习，书中的内容按从简单到复杂的顺序铺展，每个章节都配备了练习图档和实例讲解视频，使读者通过视频和图书两者相结合的方式，快速掌握书中核心知识。本书围绕Mastercam 2022介绍车铣复合编程基础知识和实践技巧。全书共11章，第1～3章分别介绍了车铣复合机床的种类、常用的工装夹具及刀具、车铣复合编程常用的绘图技能、Mastercam 2022车铣复合编程的工艺要点；第4、5章介绍了Mastercam 2022车铣复合编程中的车削编程和铣削编程知识；第6、7章介绍了Mastercam 2022 XZC三轴联动车铣复合机床零件编程实例、XZC三轴联动车铣复合机床的后处理制作；第8、9章介绍了Mastercam 2022 XYZC四轴联动车铣复合机床零件编程实例、XYZC四轴联动车铣复合机床的后处理制作；第10章介绍了Mastercam 2022双主轴XYZC四轴联动车铣复合机床零件编程实例；第11章介绍了Mastercam 2022 XYZBC五轴联动车铣复合机床零件编程实例。

本书提供书中实例源文件和实例的后处理源文件，可通过手机扫描下面的二维码获取。同时本书提供书中实例的演示视频，可通过手机扫描书中相应二维码观看。

为便于生产一线的读者学习使用，书中一些名词术语按行业使用习惯呈现，未全按国家标准统一，敬请谅解。

为方便读者交流，提供 QQ 群（群号：923845291）交流平台。

在此，特别感谢同事给予我的帮助和机械工业出版社对我的支持。

由于编者水平有限，书中错漏之处难免，恳请读者对书中的不足之处提出宝贵意见和建议，以便不断改进。

编 者

目　录

第❶章 车铣复合入门知识

1.1 车铣复合机床

1.1.1 主流车铣复合机床

随着产品零件的多样化、高端制造业的不断发展，具有车削、铣削等功能的车铣复合机床渐渐体现出其独特的优势。车铣复合机床是将车削和铣削或磨削、3D 增材等加工功能集于一台机床之上，属于复合加工机床；常规的机床结构以车削结构为基础。

目前，市面上的车铣复合机床种类和结构很多，从机床能实现的联动轴的类型可分为 XZC 三轴联动车铣复合机床、XYZC 四轴联动车铣复合机床和 XYZBC 五轴联动车铣复合机床，具体分类如图 1-1 所示。

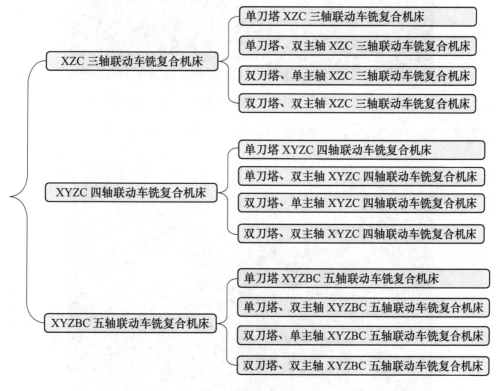

图 1-1　车铣复合机床分类

单刀塔 XZC 三轴联动车铣复合机床如图 1-2 所示。

图 1-2　单刀塔 XZC 三轴联动车铣复合机床

单刀塔、双主轴 XYZC 四轴联动车铣复合机床如图 1-3 所示。

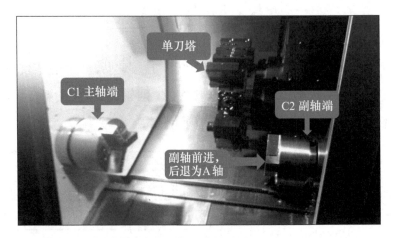

图 1-3　单刀塔、双主轴 XYZC 四轴联动车铣复合机床

双刀塔、双主轴 XYZBC 五轴联动车铣复合机床如图 1-4 所示。

图 1-4　双刀塔、双主轴 XYZBC 五轴联动车铣复合机床

1.1.2　经济型车铣复合机床

近几年我国南方比较流行的排刀结构的车铣复合机床属于经济型车铣复合机床，如图1-5所示。由于是排刀式铣削刀塔结构，其刚性比较弱，广泛用于加工切削力不大的铝合金等材料。

图1-5　经济型车铣复合机床

1.1.3　走心机车铣复合机床

对于医疗等行业的小零件，可采用加工轴类零件的走心机车铣复合机床进行加工，如图1-6所示。

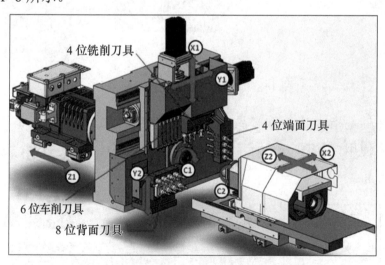

图1-6　走心机车铣复合机床

1.2　车铣复合机床常用的工装夹具

车铣复合机床根据加工的零件不同，工装夹具呈现多样化，一般可分为通用型夹具和专用型夹具，如图 1-7 所示。

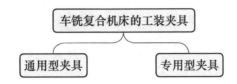

图 1-7　车铣复合机床常用的工装夹具分类

通用型夹具是指能够装夹两种或两种以上工件的夹具，如图 1-8 所示。其特点是制造成本低，缩短了生产准备周期，减少了夹具品种，降低了生产成本。

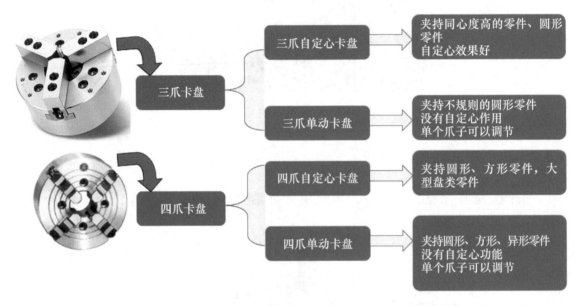

图 1-8　车铣复合机床通用型夹具

专用型夹具是指为某一款产品或某一个工序专门定制的夹具，不适合其他产品或其他工序使用，如图 1-9 所示，其特点是效率高、精度稳定、适合批量或精度要求高的产品。

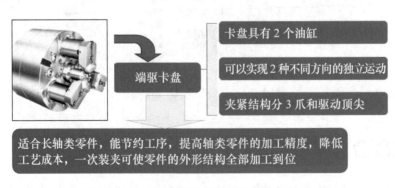

图 1-9　车铣复合机床专用型夹具

1.3　车铣复合机床加工用刀具

车铣复合机床根据加工的零件不同，加工用的刀具也呈多样化，一般可分为通用型刀具、专用型刀具和复合刀具，如图1-10所示。

图1-10　车铣复合机床刀具分类

通用型刀具是指能加工产品的很多种结构的刀具，如图1-11所示。其特点是可减少刀具品种，降低生产成本，采购周期短，替换品牌多。

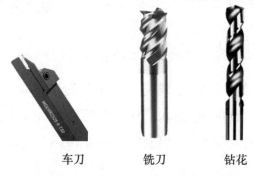

车刀　　　　铣刀　　　　钻花

图1-11　车铣复合机床通用型刀具

专用型刀具是指为零件的单独某个结构加工所开发的刀具，其他产品或结构都无法使用，如图1-12所示。其特点是加工效率高，工序集中，批量生产降低了制造成本。

复合刀具是指刀具所能加工的结构是多样的，刀具也可以是模块化的。其特点是节省刀具的使用数量，降低生产刀具的成本。如可钻、可镗、可车的单刃复合刀具如图1-13所示。

插齿刀　　　　　滚插齿刀

图1-12　车铣复合机床专用型刀具　　　　图1-13　车铣复合机床复合刀具

1.4　车铣复合机床一般加工工艺

由于车铣复合机床主要以车削机床为主，因此多数的加工工艺是先车削再铣削。实践中落实到具体零件，还要结合零件加工前的状态，比如圆棒毛坯、铸件、方料等情况具体来定。圆棒毛坯零件加工工艺如图 1-14 所示。

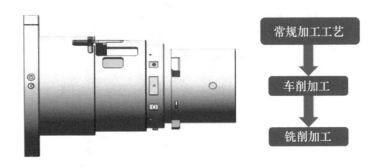

图 1-14　车铣复合机床加工的圆棒毛坯零件加工工艺

如果针对零件的单个工序加工来说，有时会先铣再车，或只做铣工序、关键工序等。具体要根据零件的制造成本、加工精度及单位的设备状况等情况来综合考虑加工工艺。车铣复合机床加工关键工序如图 1-15 所示。

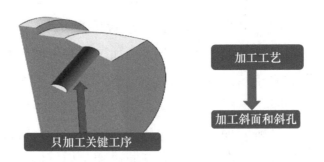

图 1-15　车铣复合机床加工关键工序

第❷章　车铣复合编程常用的绘图技能

2.1　车铣复合编程界面介绍

1）打开 Mastercam 2022 软件，单击菜单栏"机床"—进入机床选择模块（需通过选择机床的方式进入），如图 2-1 所示。

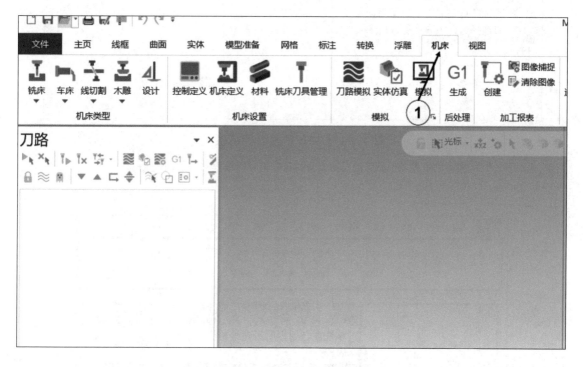

图 2-1　进入机床选择模块

2）单击"车床"下面的小三角—选择"管理列表"—在列表里选取对应的机床类型—单击"添加"，将其添加到右边的自定义机床菜单列表中—单击 ✔，如图 2-2 所示，进入车铣复合编程界面，如图 2-3 所示。

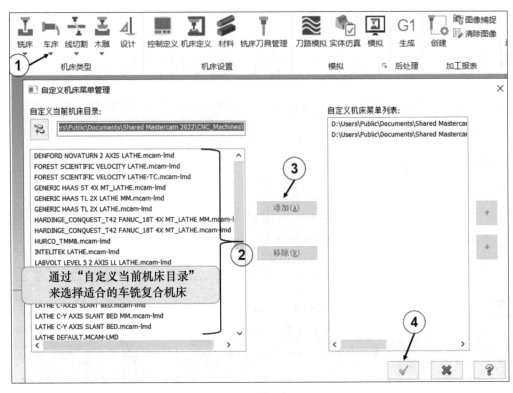

图 2-2　添加车铣复合机床类型

注：这里有多个品牌的车铣复合机床，可针对编程的需求进行选择。

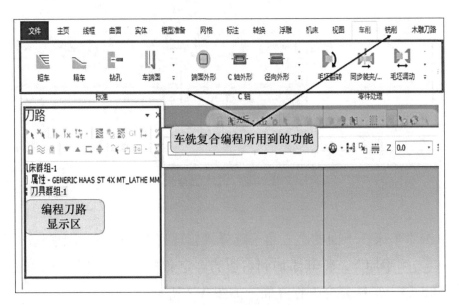

图 2-3　车铣复合编程界面

注：这里有车削、铣削、木雕刀路，可根据零件加工需要选择。

2.2　车铣复合编程的坐标设置

Mastercam 2022 软件针对车铣复合编程的坐标摆放比较简单。针对常规回转体来说，以俯视图的状态，将零件的 Z 向编程原点与屏幕的基准点重合，X 向使零件回转体的中心与基准点水平线重合，如图 2-4 所示。

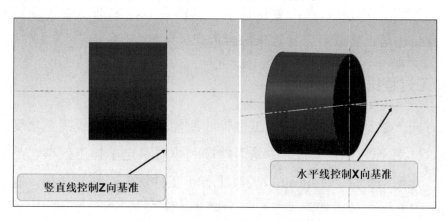

图 2-4　车铣复合编程坐标设置

2.3　车铣复合编程中的注意事项

2.3.1　不同平面的编程

扫一扫看视频

打开图档文件 2-1.mcam（通过手机扫描前言中的二维码下载），如图 2-5 所示。在编制不同平面的加工结构时，需要指定加工平面或进行图素定面，目的是让加工的刀轴垂直于加工的表面，包括水平加工、垂直加工、3+2 倾斜面加工。

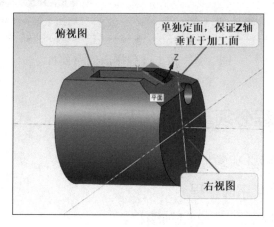

图 2-5　不同平面编程

2.3.2 切削参数的选择

1）铣刀都是装在动力刀座上，动力刀座的刚性和精度决定了铣削的加工参数，一般不能直接采用 CNC 加工中心的参数。

2）带 B 轴的车铣复合要注意重切削；要结合 B 轴配的是哪种规格的刀柄，机床的床身结构是正交或斜床身等来综合考虑。

2.3.3 加工过程排屑的重要性

加工方向一般都是刀具平行于工件轴线或倾斜于工件轴线某个角度或垂直于工件轴线。针对不同情况，加工中是否能顺利排屑决定了加工效率、品质、刀具损耗等。打开图档文件 2-1.mcam，刀具平行于工件加工，便于排屑，有利于延长刀具寿命，提升加工效率和产品质量，如图 2-6 所示。

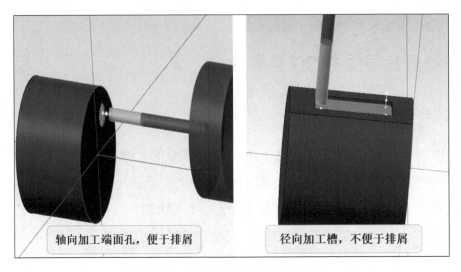

轴向加工端面孔，便于排屑　　径向加工槽，不便于排屑

图 2-6　加工过程排屑的重要性

2.4 车铣复合编程必须掌握的编程能力

精通车铣复合编程必须掌握的编程能力有：

1）掌握两轴数控车床的编程。

2）掌握铣削三轴编程、3+2 定轴编程。

3）掌握铣削的多轴编程（四、五轴联动编程）。

2.5　车铣复合编程中常用的基本绘图技能

扫一扫看视频

2.5.1　单边缘曲线

打开图档文件 2-2.mcam（通过手机扫描前言中的二维码下载），通过"单边缘曲线"命令可提取曲面或实体的边缘线，用作编程的辅助线，具体操作如图 2-7 所示。

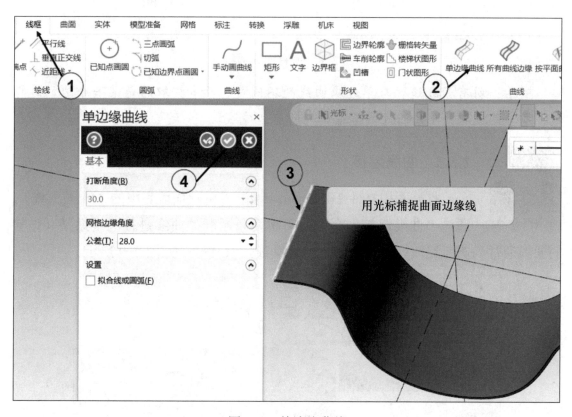

图 2-7　单边缘曲线

2.5.2　所有曲线边缘

打开图档文件 2-3.mcam（通过手机扫描前言中的二维码下载），通过"所有曲线边缘"命令，可提取所有曲面或实体的所有边缘线，用作编程的辅助线，具体操作如图 2-8 所示。

扫一扫看视频

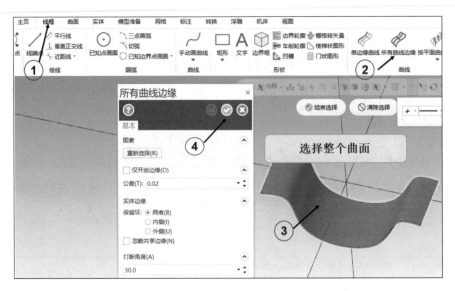

图 2-8　所有曲线边缘

提示：所有曲线边缘与单边缘曲线的不同是，后者提取的是某一个边的边缘线，前者是提取整个曲面或实体结构的所有边缘线。

2.5.3　曲线熔接

打开图档文件 2-4.mcam（通过手机扫描前言中的二维码下载），扫一扫看视频　通过"曲线熔接"命令，可将两条断开的曲线进行圆滑熔接（熔接的曲线通常为圆弧线段），用作编程的辅助线，具体操作如图 2-9 所示。

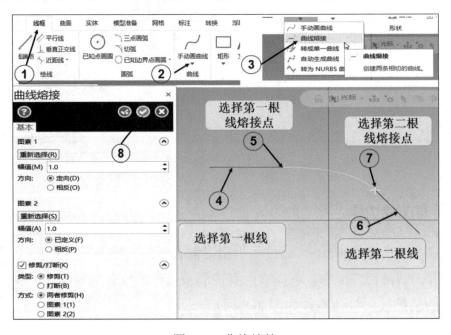

图 2-9　曲线熔接

提示：需要同时选择熔接的线段和熔接的点，才能正确进行两条线段的熔接。

2.5.4　转成单一曲线

扫一扫看视频

打开图档文件 2-5.mcam（通过手机扫描前言中的二维码下载），通过"转成单一曲线"命令，可将两条或多条曲线转成一条曲线，用作编程的辅助线，具体操作如图 2-10 所示。

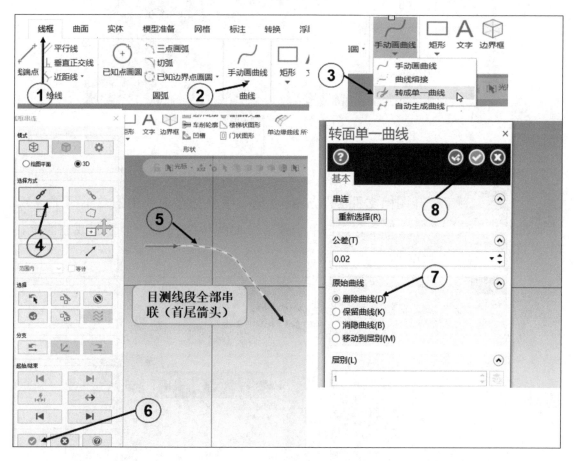

图 2-10　转成单一曲线

2.5.5　曲面延伸

扫一扫看视频

打开图档文件 2-6.mcam（通过手机扫描前言中的二维码下载），打开"曲面"菜单—单击"延伸"—通过箭头来确定延伸的方向和位置，具体操作步骤如图 2-11 所示。

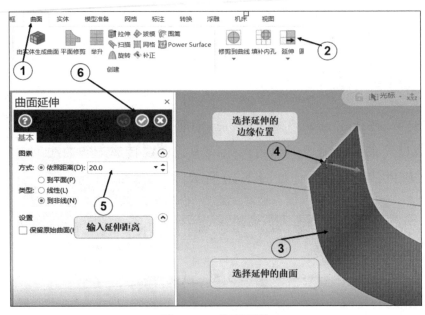

图 2-11 曲面延伸

2.5.6 缠绕

扫一扫看视频

打开图档文件 2-7.mcam（通过手机扫描前言中的二维码下载），通过"缠绕"命令，将单个或多个曲线缠绕在某一个平面或曲面上，如图 2-12 所示。

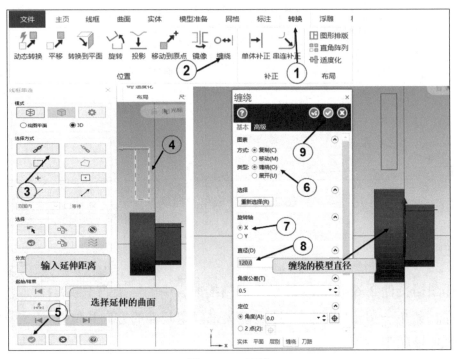

图 2-12 缠绕

提示：可缠绕开放轮廓和封闭轮廓、单曲线、多曲线。

2.5.7　展开

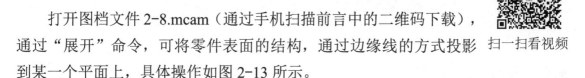

打开图档文件 2-8.mcam（通过手机扫描前言中的二维码下载），
通过"展开"命令，可将零件表面的结构，通过边缘线的方式投影
到某一个平面上，具体操作如图 2-13 所示。

扫一扫看视频

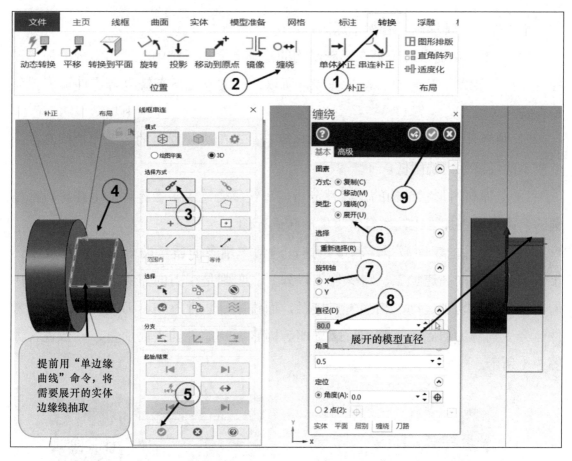

图 2-13　展开

第 ❸ 章　Mastercam 2022 车铣复合编程的工艺要点

3.1　先车后铣原则

采用先车后铣原则，有如下原因：

1）由于车铣复合机床是在车床结构的基础上增加了铣削功能；常规的加工过程为了便于测量等需先加工端面基准，所以，通常情况下车铣复合零件加工需先车再铣。

2）从零件的加工效率、经济成本角度看，车削去除材料的效率比铣削高，制造成本的经济性比铣削低。

3）从原材料形状结构的工艺性分析，车铣复合绝大多数零件的毛坯材料都是圆的，圆形零件加工比较适合将零件旋转进行加工。

4）从零件的表面质量、精度考虑，通常车削表面质量的一致性、精度要高于铣削（除铣削高速加工、特殊加工以外）。车削是车刀的刀尖点相对于旋转中的零件进行的切削运动，相当于点接触，而铣削是零件不动，刀具旋转去切削零件，会受到铣刀的底刃、侧刃、螺旋槽等因素影响零件的表面质量、一致性，如图 3-1 所示。

图 3-1　先车后铣原则

3.2　首选定轴铣，次选 C 轴联动加工

1）针对位置度要求比较高的零件，应尽量采用定轴铣，避免采用 C 轴加工（由于 C 轴旋转拟合过程会存在一定的夹角误差，误差会影响位置度）。

2）定轴铣采用的是 XYZ 插补，而 C 轴联动铣采用的是 C 联动或 C 分度，C 轴的进给速度与 XY 插补的直线轴进给速度不同，XY 插补的进给 F 值是直线数据（每分钟多少毫米）。C 轴的 F 值计算公式按圆周计算，其效率同样取决于 C 轴的直径大小，一般直径越大的 C 轴旋转一周的周长越长，所以，有的大直径 C 轴每分钟最多旋转十几转（部分高端机床配有高精度模式或高速的 C 轴另当别论）。

提示：C 轴也就是机床主轴，在车削模式状态下是车削主轴，在铣削模式状态下是 C 轴，可进行分度、联动。

3.3　角度位置的找正

1）由于很多零件具有多个结构，要考虑其他工序的零件找正的便利性，在安排工艺时，应注意角度工序的安排。可用外径车刀、铣刀、切槽刀等刀具作为辅助的角度限位装置。

2）由于自动化程度的提高，常规刀塔结构的车铣复合机床都配有探头功能，例如 Z 坐标设定、角度设定、孔径检查等功能，如图 3-2 所示。这些功能可以用来角度位置找正，省去了工装夹具、刀具辅助装置等。

图 3-2　角度位置找正

3.4 图层的运用

由于在 Mastercam 车铣复合编程中会遇到做辅助面、辅助线、图形更改的情况，所以在实际车铣复合零件编程过程中需根据实际情况，将不同工序的零件结构、不同的辅助线、辅助面用图层进行分开，以便于编程的刀路管理，如图 3-3 所示。

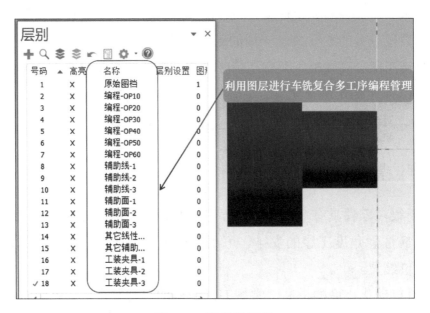

图 3-3 图层的运用

3.5 深腔、深孔的车铣复合编程注意事项

1）在车铣复合零件编程中，要充分考虑加工过程的排屑状态，尤其在径向加工深腔或深孔时，遇到疑难加工材料，可选用动态粗加工或小切深粗加工、分层粗加工、倾斜面粗加工。

2）小步距切深铣削产生的铁屑比较薄，在加工过程中很容易被冷却水冲掉，这样就避免了因排屑不顺畅导致的加工尺寸超差、刀具磨损、刀具挤断等现象。同时，由于小步距主要用的是刀尖进行切削，要考虑刀具的磨损，粗加工尽量选用圆角刀具。

3）动态加工铣削，铣削接触面大，主要是刀具侧刃在进行切削，做圆周运动，将每次加工的切削宽度控制在步进量以下，使刀具承受的切削力保持在一定水平以内。刀具切削深度大，周齿切削量小，刀具的底齿和周齿均参与切削，同时由于周齿吃刀量小，对刀具的冲击力不大，切削更加平稳。实际使用时的周齿切削量可在刀具直径的 5% 基础上进行调整。

4）分多层粗加工，遇到很深的深腔，尤其是难加工材料，可以采用分步粗加工，先粗加工一部分，然后通过 C 轴反向旋转角度和暂停指令，使铁屑自然掉出来，接着再进行余下的粗加工。

5）在车铣复合编程过程中，有时会遇到刀具装得过长或行程不够导致超程现象，这时就可以采用倾斜面加工，既可解决刀具装刀过长问题，又可避免车铣复合机床的超程现象。

提示：车铣复合机床通常可以配置中心出水功能，无论是刀塔机或带 B 轴的车铣复合机床，在加工径向深腔时，可以利用中心出水功能提高加工过程的排屑状况。

第 ❹ 章 Mastercam 2022 车铣复合编程之车削零件的编程运用

4.1   图形移动到原点

扫一扫看视频

打开图档文件 4-1.mcam（通过手机扫描前言中的二维码下载），选择菜单栏"转换"—选择"移动到原点"—捕捉零件右端面圆心，然后单击，零件自动移动到原点，具体步骤如图 4-1 所示。

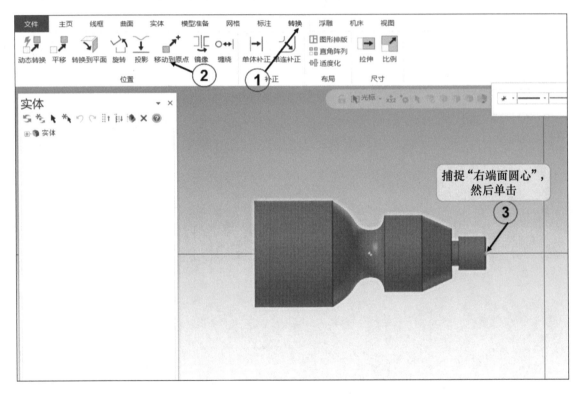

图 4-1   移动到原点

4.2   Mastercam 车削编程讲解之进入车削模块、毛坯设置

4.2.1   进入车削模块

打开图档文件 4-1.mcam，依次单击"机床"—"车床"—"管理列表 ..."—2 轴车床—"添加"—✓，具体步骤如图 4-2 所示。

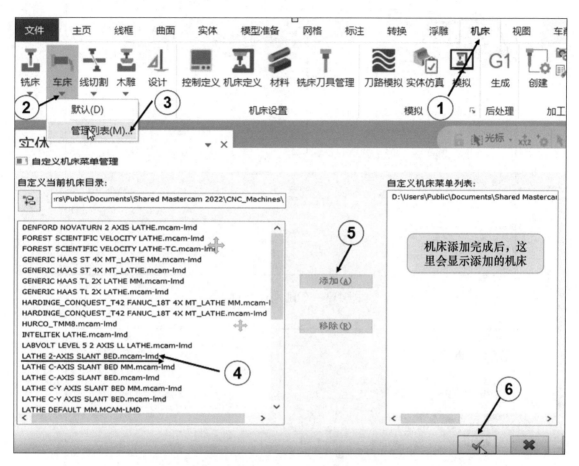

图 4-2　进入车削模块

4.2.2　车削毛坯设置

　　单击"刀路"—选择左侧工具栏"属性"—选择"毛坯设置"—设置"左侧主轴"—单击"参数 ...",打开"机床组件管理:毛坯"对话框—选择图形"圆柱体"—设置零件毛坯外径"100.0"—设置零件毛坯长度"200.0"—设置轴向位置的 Z"1.0",其他采用默认设置,单击"　✓　",具体操作如图 4-3、图 4-4 所示。

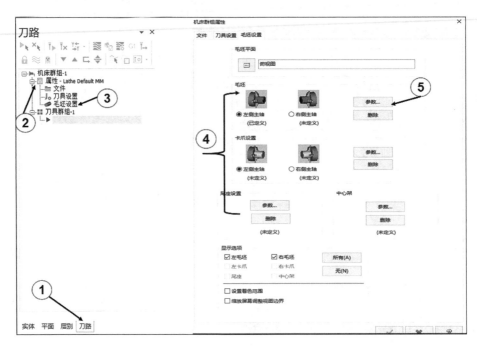

图 4-3　车削毛坯设置 1

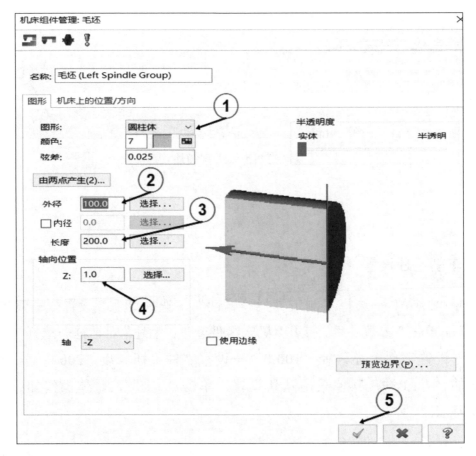

图 4-4　车削毛坯设置 2

4.3　端面车削、外径粗车、外径精车

4.3.1　端面车削

选择"车端面"—在"刀具参数"界面选择"T0101 R0.8 车刀"—设置主轴转速"700"—设置进给速率"0.2"，如图 4-5 所示；单击"车端面参数"—设置粗车步进量"1.0"—不勾选"精车步进量"—设置预留量"0.1"，其余采用默认设置，如图 4-6 所示。

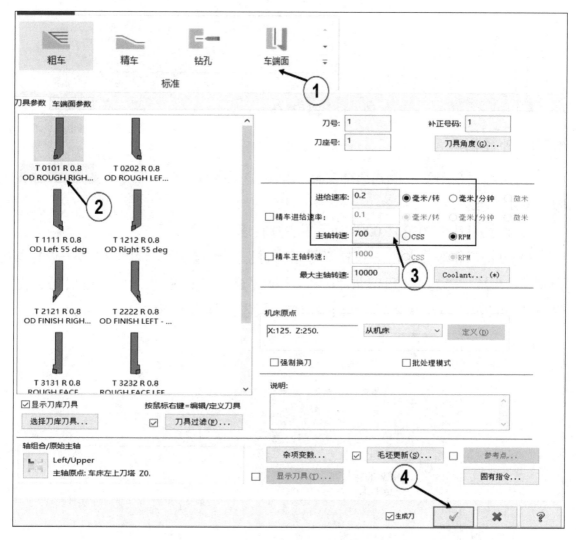

图 4-5　车铣复合之车端面 1

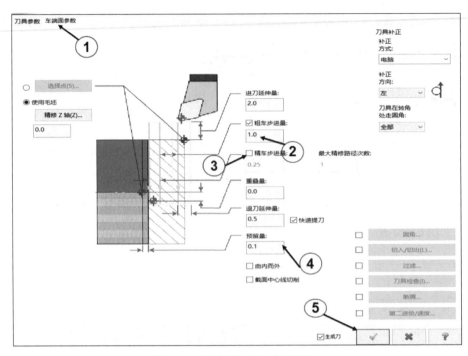

图 4-6　车铣复合之车端面 2

4.3.2　外径粗车

1）选择"粗车"—模式选择实体—串连加工区域—单击右下方 ![勾]，具体步骤如图 4-7 所示。

2）设置刀具"T0101 R0.8"—设置主轴转速"700"。

3）单击"粗车参数"—设置"等距步进"—设置切削深度"2.0"—设置 X 预留量"0.2"—设置 Z 预留量"0.1"—设置进入延伸量"2.0"、退出延伸量"0.0"—设置"切入参数"，其余采用默认设置，具体步骤如图 4-8 所示。

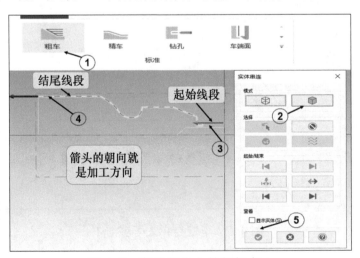

图 4-7　车铣复合之外径粗车 1

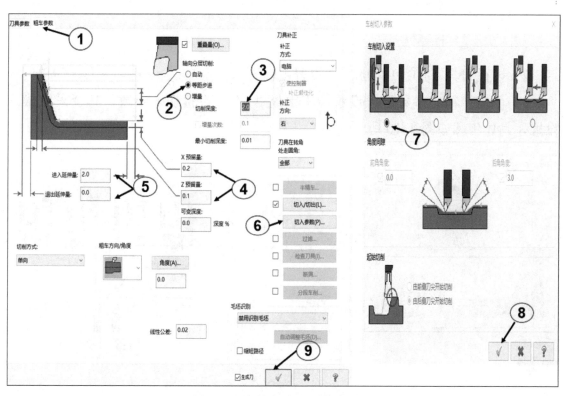

图 4-8　车铣复合之外径粗车 2

4.3.3　外径精车

1）选择"精车"—模式选择实体—串连加工区域—单击右下方 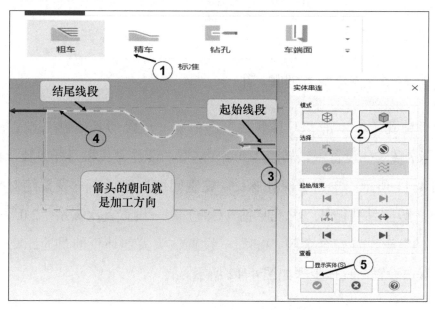 ，具体步骤如图 4-9 所示。

图 4-9　车铣复合之外径精车 1

2）设置刀具"T0101 R0.8"—设置主轴转速。

3）单击"精车参数"—设置精车次数"1"—设置切入参数，其余采用默认设置，具体步骤如图 4-10 所示。

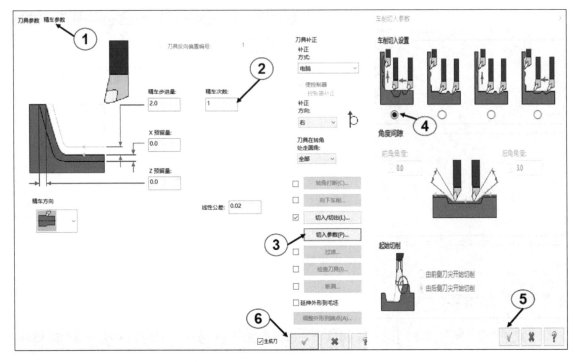

图 4-10 车铣复合之外径精车 2

4.4 车铣复合编程之车削钻孔

选择"钻孔"—单击"刀具参数"选项卡—设置刀具信息—设置进给速率"0.15 毫米 / 转"—设置主轴转速"200RPM"—设置刀具和刀杆参数，部分具体步骤如图 4-11 所示；单击"深孔啄钻 - 完整回缩"选项卡—设置绝对坐标深度"-45.0"—设置钻孔循环"深孔啄钻（G83）"—设置首次啄钻"2.0"—设置副次啄钻"2.0"—设置安全余隙"0.5"—设置钻头尖部补正的贯通距离"2.1"，其余采用默认设置，具体步骤如图 4-12 所示。

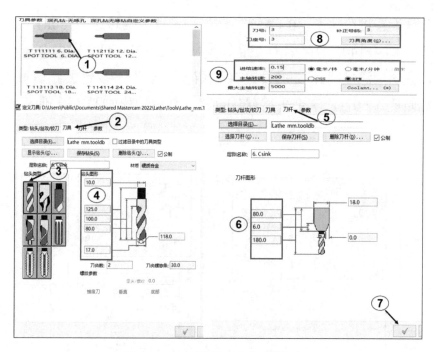

图 4-11　车铣复合之车削钻孔 1

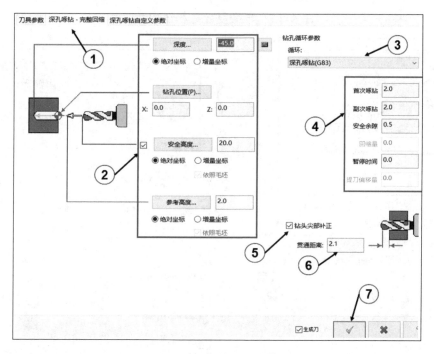

图 4-12　车铣复合之车削钻孔 2

4.5　车铣复合编程之粗车内孔

选择"粗车"—串连内孔加工图形—单击"刀具参数"选项卡，进行内孔车削刀具设置—设置进给速率"0.1 毫米 / 转"—设置主轴转速"700RPM",具体步骤如图 4-13、图 4-14 所示;单击"粗车参数"选项卡—设置轴向分层切削"等距步进"—设置切削深度"1.0"—设置 X 预留量"0.1"—设置 Z 预留量"0.05"—设置进入延伸量"2.0",其余采用默认设置,具体步骤如图 4-15 所示。

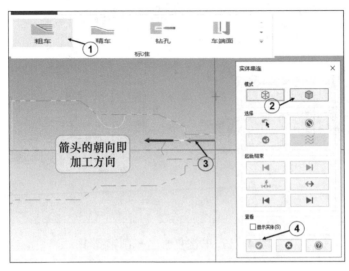

图 4-13　车铣复合之粗车内孔 1

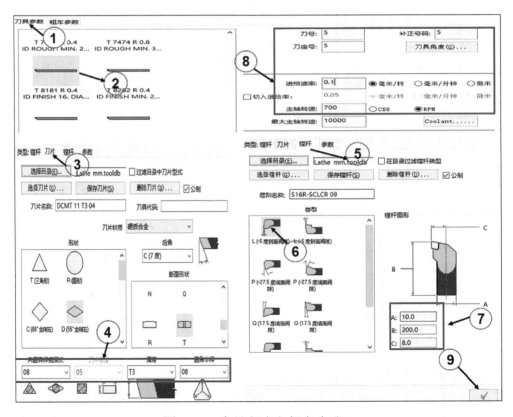

图 4-14　车铣复合之粗车内孔 2

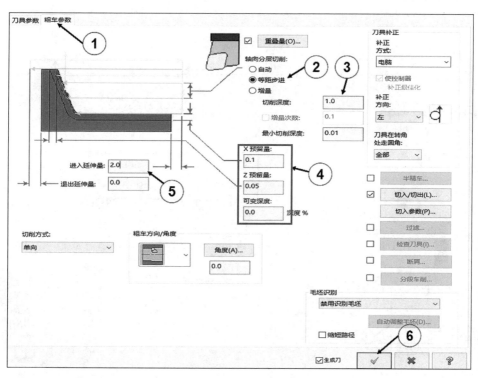

图 4-15　车铣复合之粗车内孔 3

4.6　车铣复合编程之精车内孔

选择"精车"—串连内孔加工图形—单击"刀具参数"选项卡，进行内孔车削刀具设置—设置进给速率"0.05 毫米 / 转"—设置主轴转速"1000RPM"—单击"精车参数"选项卡，设置 X、Z 预留量为"0.0"—设置精车步进量"2.0"—设置切入 / 切出参数，其他采用默认参数设置，具体步骤如图 4-16、图 4-17 所示。

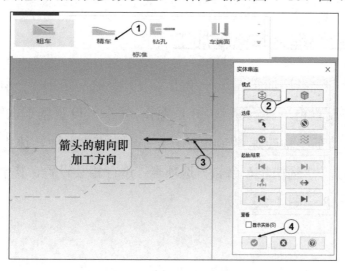

图 4-16　车铣复合之精车内孔 1

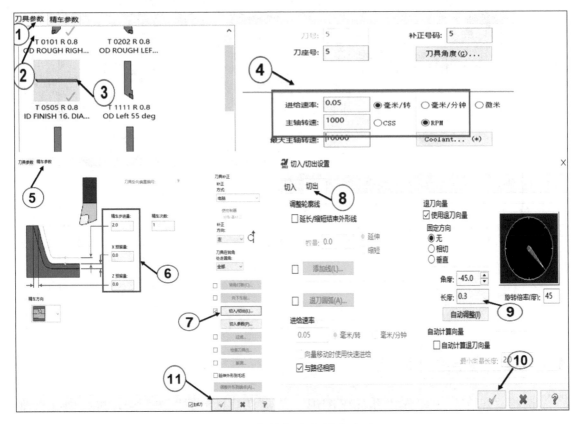

图 4-17　车铣复合之精车内孔 2

4.7　车铣复合编程之车槽粗加工

选择"沟槽"—串连加工图形—单击"刀具参数"选项卡—设置宽度为 4mm 的外径切槽刀—设置粗车进给速率"0.1 毫米 / 转"—设置精车进给速率"0.05 毫米 / 转"—设置精车主轴转速"500RPM"—设置精车主轴转速"700RPM"—单击"沟槽形状参数""沟槽粗车参数"选项卡，进行相关设置，其余采用默认设置，具体步骤如图 4-18～图 4-20 所示。

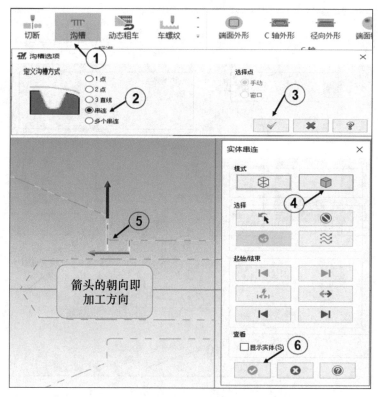

图 4-18　车铣复合之车槽粗加工 1

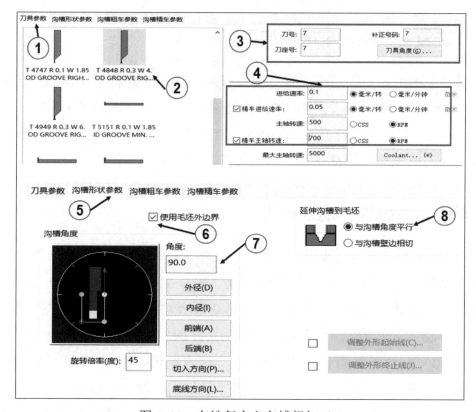

图 4-19　车铣复合之车槽粗加工 2

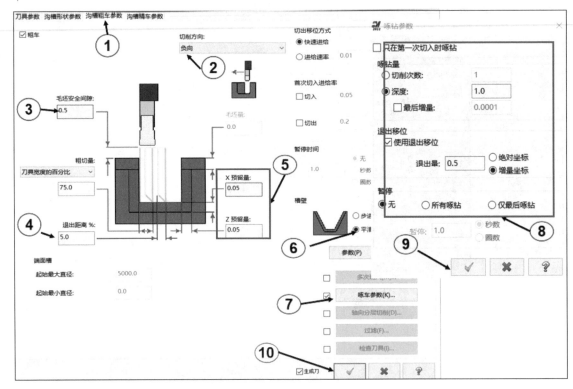

图 4-20　车铣复合之车槽粗加工 3

4.8　车铣复合编程之车槽精加工

复制"车槽粗加工"刀路，打开编程参数，单击"沟槽精车参数"选项卡，设置精车步进量"2.0"—设置两切削层间重叠量"0.8"—设置转角暂停"无"—设置刀具补正"电脑"—设置刀具在转角处走圆"全部"—设置壁边退出距离"刀具宽度 5.0%"，其余采用默认设置，具体步骤如图 4-21 所示。

4.9　车铣复合编程之螺纹车削

选择"车螺纹"—串连加工图形—单击"刀具参数"选项卡—设置 60°外螺纹车刀—设置刀具号 T0808—设置主轴转速"800"，具体步骤如图 4-22 所示；单击"螺纹外形参数"选项卡—设置导程"1.0 毫米 / 螺纹"—设置大径"30.0"—设置小径"28.7"—设置螺纹深度"0.65"（此深度为螺纹单边切深）—设置起始位置"5.0"—设置结束位置"-25.0"，具体步骤如图 4-23 所示；单击"螺纹切削参数"选项卡—设置 NC 代码格式"螺纹固定循环（G92）"—设置首次切削量"0.1"—设置毛坯安全间隙"5.0"—设置最后深度精修次数"1"，其余采用默认设置，具体步骤如图 4-24 所示。

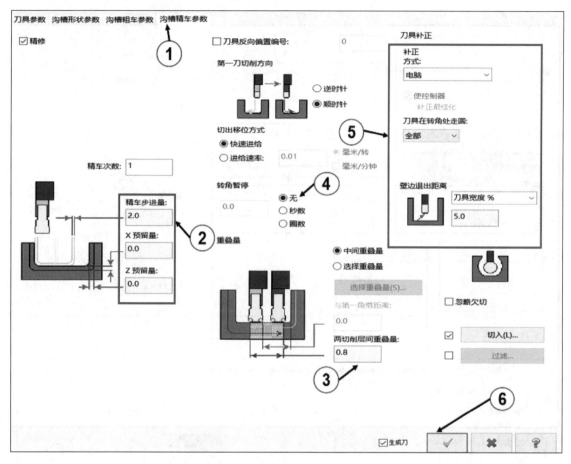

图 4-21　车铣复合之车槽精加工

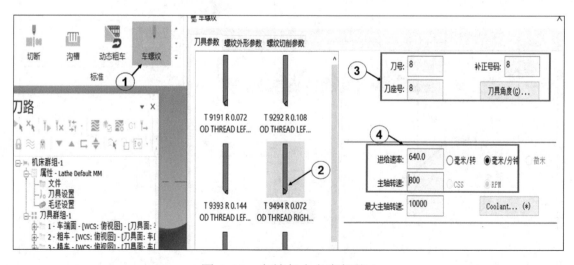

图 4-22　车铣复合之车螺纹 1

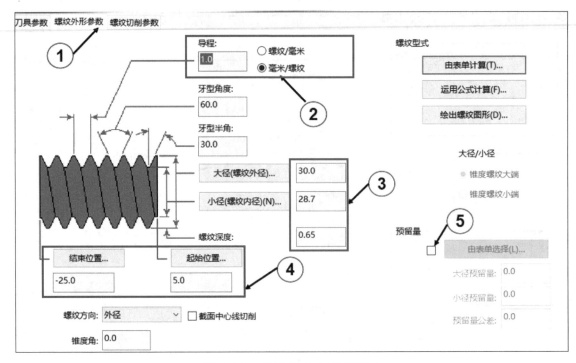

图 4-23　车铣复合之车螺纹 2

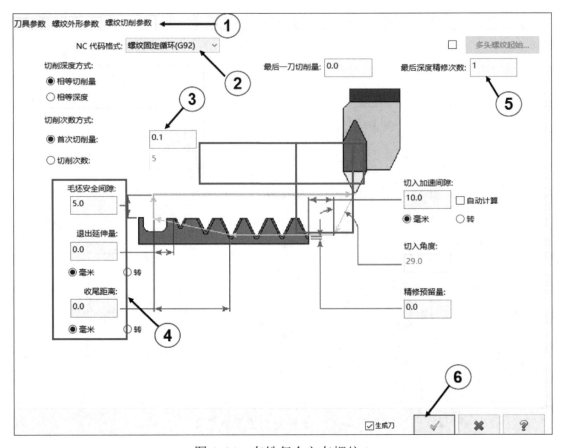

图 4-24　车铣复合之车螺纹 3

第 ❺ 章 Mastercam 2022 车铣复合编程之铣削零件的编程运用

5.1 车铣复合铣削功能编程讲解之坐标、毛坯设置

5.1.1 进入铣削模块

打开图档文件 5-1.mcam（通过手机扫描前言中的二维码下载），选择"机床"—"铣床"—进入"管理列表"—选择三轴铣床—单击"添加"—在"自定义机床菜单列表"内选择刚才添加的三轴铣床—单击 ☑ 确定，具体步骤如图 5-1 所示。

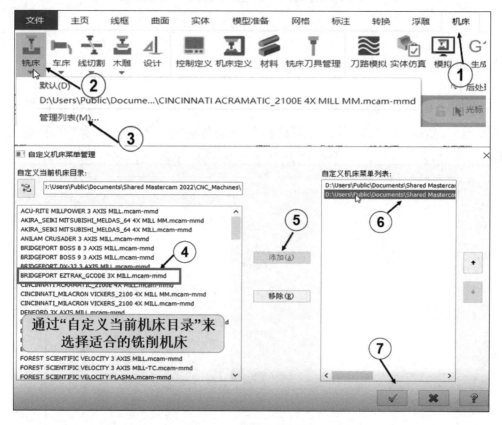

图 5-1 进入铣削模块

5.1.2 铣削零件之坐标设置

打开图档文件 5-1.mcam，单击菜单栏"转换"功能—单击"移动到原点"—

35

捕捉零件"端面圆心"，将坐标原点移动到零件端面圆心，具体步骤如图 5-2 所示。

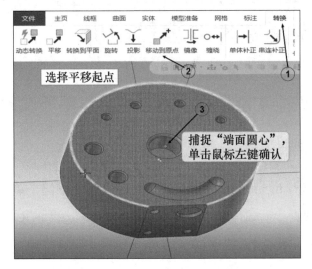

图 5-2　铣削零件之坐标设置

5.1.3　铣削零件之毛坯设置

　　进入加工模式，选择左边工具栏的"刀路"界面—单击"毛坯设置"—单击"毛坯设置"选项卡—选择形状"圆柱体"—选择轴向"Z"—选择"所有实体"—设置圆柱体高度、直径，其余采用默认设置，具体步骤如图 5-3 所示。

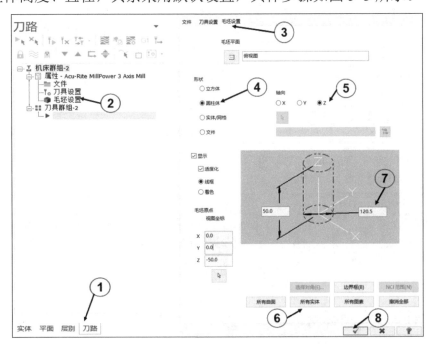

图 5-3　铣削零件之毛坯设置

5.2　铣削零件之平面铣、钻孔、粗铣

5.2.1　平面铣

打开图档文件 5-1.mcam，单击菜单栏"刀路"—选择"面铣"—通过实体边缘的方式选择"实体最外缘轮廓线"（注意箭头的方向为"顺时针"）—选择完毕后，打开参数设置对话框，选择左边工具栏"刀具"—创建 ϕ50mm 面铣刀—设置刀号"1"—设置主轴转速"800"—设置进给速率"380.0"—设置下刀速率"600.0"—选择左边工具栏"切削参数"—设置切削方式"双向"—设置刀具在转角处走圆角"全部"，其余采用默认设置，具体步骤如图 5-4、图 5-5 所示。

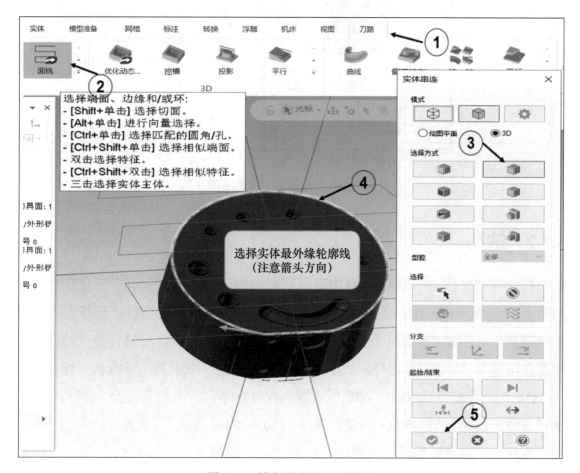

图 5-4　铣削零件之平面铣 1

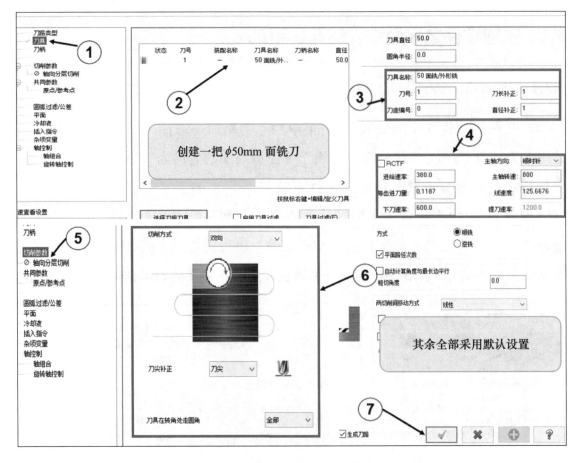

图 5-5　铣削零件之平面铣 2

5.2.2　钻孔

打开图档文件 5-1.mcam，单击菜单栏"刀路"—选择"钻孔"—按顺序选择图形上的 5 个 ϕ5mm 孔—选取完毕后，打开钻孔参数设置对话框，选择左边工具栏"刀具"—创建"ϕ5mm 合金钻"—设置刀号"2"—设置主轴转速"2300"—设置进给速率"85.0"—选择左边工具栏"切削参数"—设置循环方式"深孔啄钻（G83）"—设置首次啄钻"1.0"—设置副次啄钻"1.0"—设置安全余隙"0.5"—选择左边工具栏"共同参数"—设置深度"-10.0、绝对坐标"—设置参考高度"10.0、增量坐标"，其余采用默认设置，具体操作步骤如图 5-6 ～图 5-8 所示。

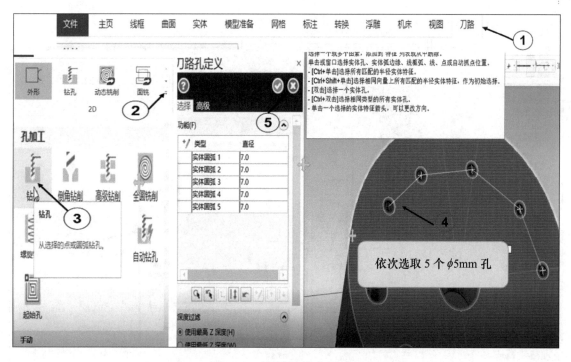

图 5-6　铣削零件之钻孔 1

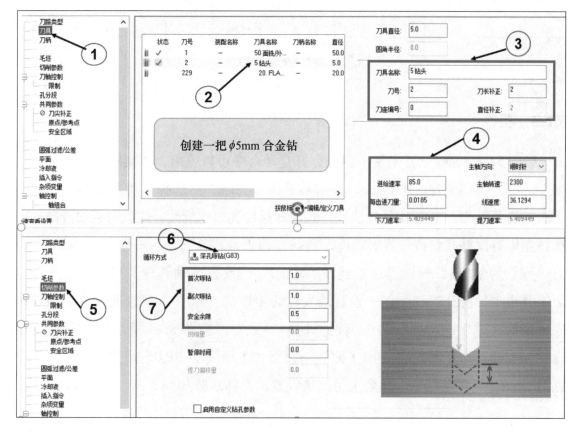

图 5-7　铣削零件之钻孔 2

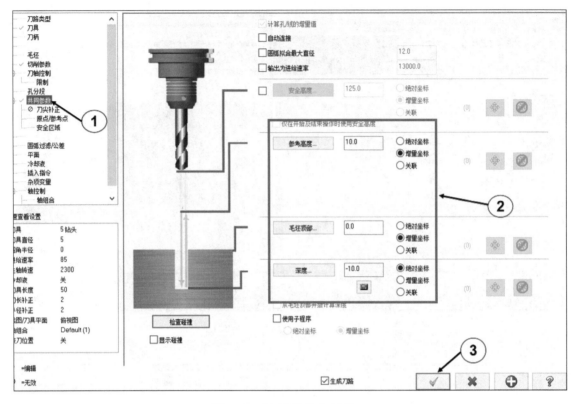

图 5-8　铣削零件之钻孔 3

5.2.3　粗铣

　　针对 Mastercam 软件来说，粗铣有好几种命令可以使用，本案例采用"动态铣削"。打开图档文件 5-1.mcam，单击菜单栏"刀路"—选择"动态铣削"—单击"加工范围 "—通过实体轮廓线方式选择端面孔口轮廓线（注意箭头的方向）—选择完毕后，打开参数设置对话框，选择左边工具栏"刀具"—创建 ϕ10mm 平铣刀—设置刀号"3"—设置进给速率"800.0"—设置主轴转速"3500"—选择左边工具栏"轴向分层切削"—设置最大粗切步进量"7.0"—设置轴向分层切削排序"依据区域"—选择左边工具栏"切削参数"，按图 5-11 所示进行相关参数设置—选择左边工具栏"共同参数"—设置加工深度"-20.0、增量坐标"—设置提刀"6.0、绝对坐标"，其余采用默认设置，具体步骤如图 5-9 ～图 5-12 所示。

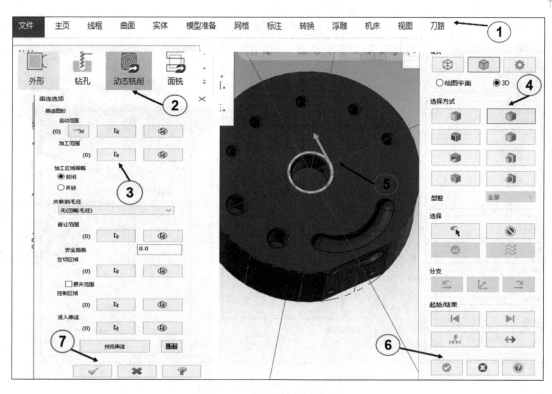

图 5-9　铣削零件之粗铣 1

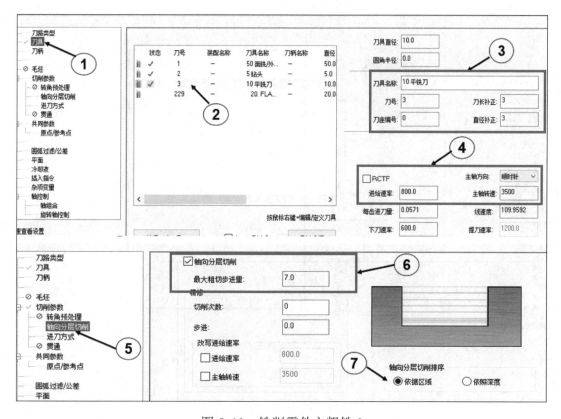

图 5-10　铣削零件之粗铣 2

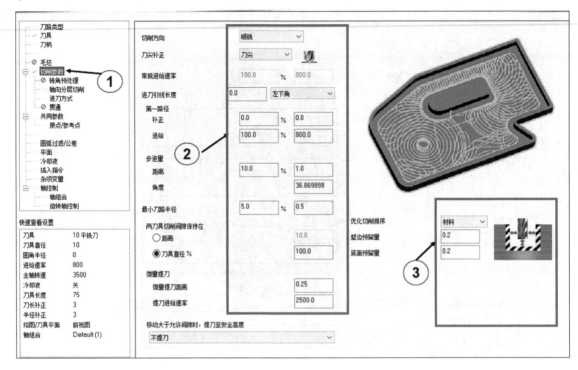

图 5-11　铣削零件之粗铣 3

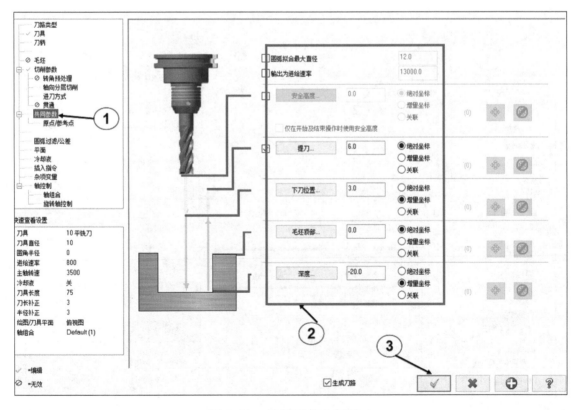

图 5-12　铣削零件之粗铣 4

5.3　车铣复合铣削功能编程讲解之曲面铣、联动铣

5.3.1　曲面铣之坐标设置、毛坯设置

打开图档文件 5-2.mcam（通过手机扫描前言中的二维码下载）。本零件的 XY 编程原点建立在圆心，Z 编程原点在顶面。通过菜单栏"转换"功能，将坐标原点移动到零件端面圆心。可参照前面所学进行机床加载、坐标和毛坯设置。

5.3.2　曲面铣

打开图档文件 5-2.mcam，单击菜单栏"刀路"—选择精切"平行"—选择左边工具栏"模型图形"—选择加工图形—选择避让图　扫一扫看视频 形—选择左边工具栏"刀具"— 创建 ϕ10mm 球刀—选择左边工具栏"切削参数"—设置切削方式"双向"—设置切削间距"0.08"—设置加工角度"45.0"—选择左边工具栏"共同参数"，按图 5-15 所示进行设置，其余采用默认设置，具体步骤如图 5-13～图 5-15 所示。

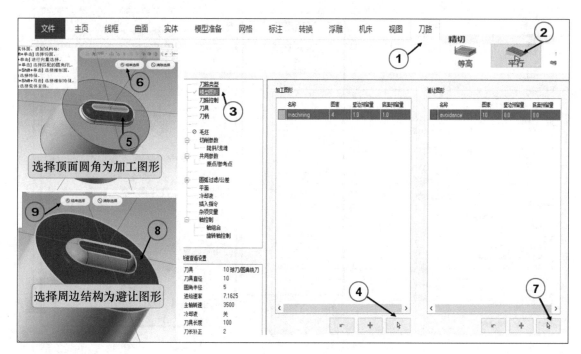

图 5-13　铣削零件之曲面铣 1

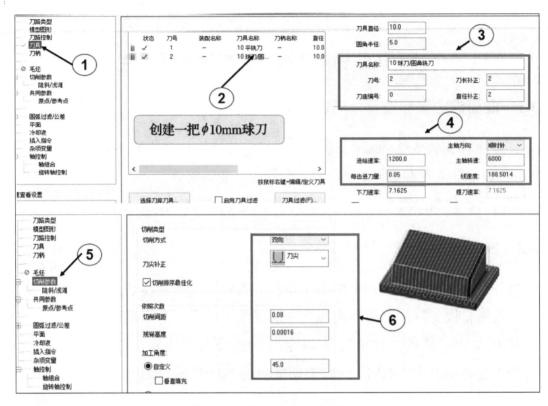

图 5-14　铣削零件之曲面铣 2

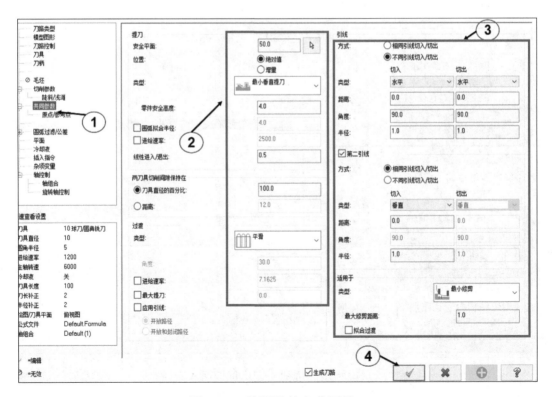

图 5-15　铣削零件之曲面铣 3

5.3.3 联动铣

打开图档文件 5-3.mcam（通过手机扫描前言中的二维码下载）。

Mastercam 2022 联动铣削有好多种刀路，本小节讲解"旋转"命令。

单击菜单栏"刀路"—选择扩展应用"旋转"—选择左边工具栏"刀

具"—创建 R3mm 球刀—设置主轴转速"2000"—设置进给速率"240.0"—选择左边工具栏"切削方式"—设置曲面"选择所有图形"—单击"结束选择"—自动生成刀路，其余采用默认设置，具体步骤如图 5-16、图 5-17 所示。

扫一扫看视频

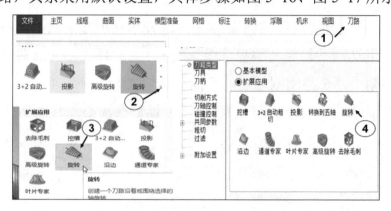

图 5-16 铣削零件之联动铣 1

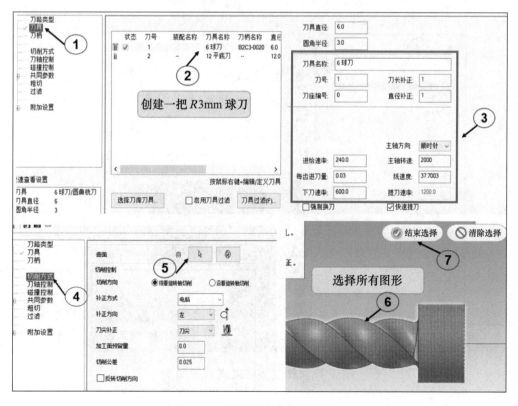

图 5-17 铣削零件之联动铣 2

5.4 车铣复合铣削功能编程讲解之 3+2 定轴铣

5.4.1 图素定面

打开图档文件 5-4.mcam（通过手机扫描前言中的二维码下载）。Mastercam 软件在编制 3+2 不同平面刀路时，要进行图素定面，不同结构对应不同的平面，在编程中要选择对应的图素面。单击菜单栏"视图"—选择"平面"—将平面功能打开，单击左边工具栏下方的"平面"，进入平面选择对话框—单击工具栏左上角符号"+"—选择"依照实体面 ..."—选择需要创建的图素面—通过下方的箭头将 X 轴坐标方位旋转至与编程坐标一致（注意：图素面的 X 轴坐标方位一定要向右，Z 轴朝上）—将刚刚创建的平面名称定义为"平面 1"，并将 X、Y、Z 坐标清零，保证 X、Y、Z 坐标与编程坐标位置都在圆心。具体步骤如图 5-18、图 5-19 所示。

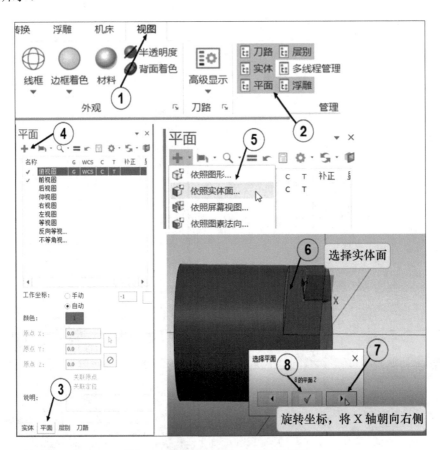

图 5-18　铣削零件之图素定面 1

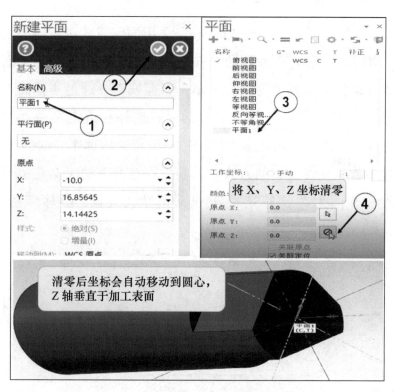

图 5-19　铣削零件之图素定面 2

　　另外两个面也采用同样的方法进行图素定面，并命名为"平面 2""平面 3"，如图 5-20 所示。

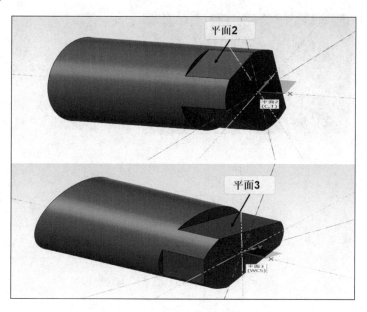

图 5-20　铣削零件之图素定面 3

扫一扫看视频

5.4.2　铣削编程 3+2

　　打开图档文件 5-4.mcam，采用面铣方式进行侧面的铣削编程。编程与正常的三轴铣面一样，区别在于选择加工的平面。创建四轴车铣复合机床—选择菜单栏"刀路"—单击"面铣"—通过实体面方式选取加工面—单击 ✅ 确定，打开面铣参数设置对话框—选择左边工具栏"刀具"—创建"⌀5mm 平铣刀"—设置主轴转速"5000"—设置进给速率"600.0"—选择左边工具栏"切削参数"—设置切削方式"双向"—选择左边工具栏"平面"—设置刀具平面、绘图平面为"平面 3"，其余采用默认设置。具体步骤如图 5-21 ～图 5-23 所示。

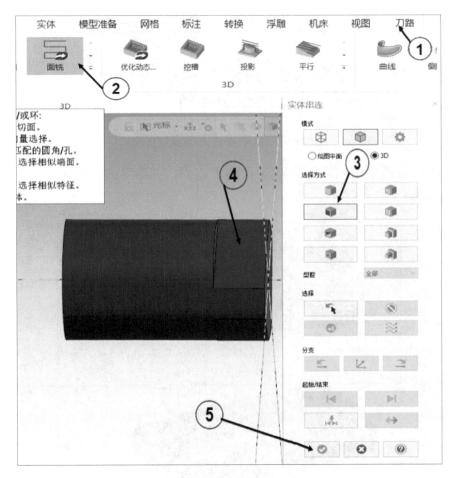

图 5-21　铣削零件之 3+2 编程 1

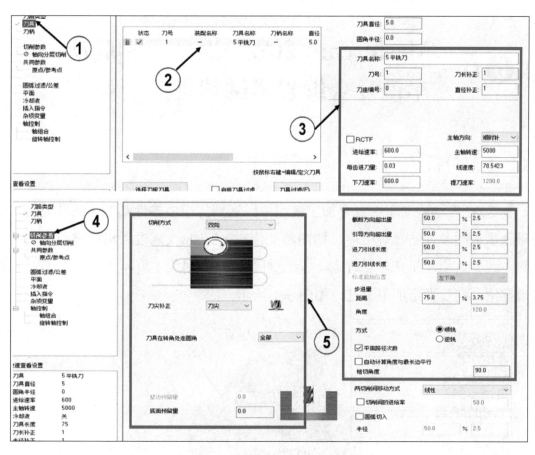

图 5-22　铣削零件之 3+2 编程 2

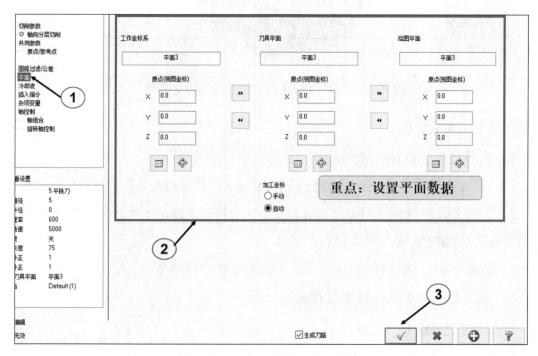

图 5-23　铣削零件之 3+2 编程 3

第 **❻** 章 Mastercam 2022 XZC 三轴联动车铣复合编程实例精讲

6.1 工艺分析

在 XZC 三轴联动车铣复合加工编程中，遇到的很多零件都是在回转型结构的基础上增加型腔、钻孔等工序，如图档文件 6-1.mcam（通过手机扫描前言中的二维码下载）。由于机床不带 Y 轴，因此对于定向铣削加工就不太适合。针对本章学习案例，初步设定加工工艺，如图 6-1 所示。

扫一扫看视频

扫一扫看视频

图 6-1　XZC 三轴联动车铣复合编程之零件

1．零件工艺分析 1

1）毛坯尺寸 ϕ60mm×60mm。

2）工序 1 夹持零件毛坯外径，粗、精车 ϕ55mm 外径和端面，总长预留 0.5mm 余量。

3）工序 2 成形软爪夹持 ϕ55mm 外径，粗、精车 ϕ35mm 外径，总长加工到位，C 轴钻孔、C 轴攻螺纹，粗、精铣型腔。

4）风险点：C 轴钻径向孔时，动力刀座与卡爪易产生干涉。

5）预防措施：卡爪需做避让措施。

2．零件工艺分析 2

1）毛坯尺寸 ϕ60mm×1200mm（机床带自动送料器）。

2）工序 1 夹持零件毛坯外径，粗、精车外径、端面，C 轴钻孔，C 轴攻螺纹，粗、精铣型腔，接料器伸出，零件切断，总长预留 0.2mm 余量。

3）工序 2 成形软爪夹持 ϕ55mm 外径，粗、精车总长。

4）风险点：接料器与零件会发生碰撞，容易导致零件碰伤。

5）预防措施：接料器做碰撞防护。

提示： 零件直径越大、长度越长，旋转起来产生的偏摆力越大。在选用大直径零件进行自动送料加工前，应尽量考虑零件毛坯长度和旋转的风险、送料器和卡盘的夹持力。

本章案例采用第 2 种工艺分析的方案。

6.2　XZC 三轴联动车铣复合加工零件的刀具选择

本章案例在车铣复合加工编程中所用到的刀具有外径车刀、切断刀、定心钻、麻花钻、M4 挤压丝锥、ϕ3mm 粗铣刀、ϕ3mm 精铣刀，部分刀具如图 6-2 所示。

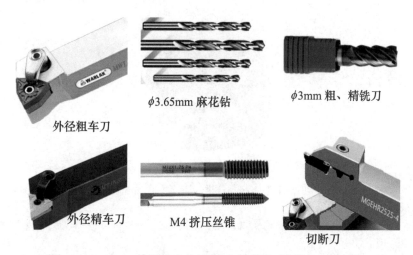

图 6-2　XZC 三轴联动车铣复合编程之零件加工刀具

6.3　XZC 三轴联动车铣复合加工零件的工装夹具选择

由于零件毛坯是圆棒，毛坯外径也有加工余量，工序 1 采用自定心卡盘夹持，卡爪采用普通的硬爪；工序 2 由于要夹持精加工过的零件外径，考虑夹持精度和零件的防护，采用软爪夹持（软爪须提前进行车削），如图 6-3 所示。

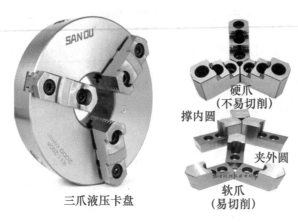

硬爪
（不易切削）

撑内圆

夹外圆

软爪
（易切削）

三爪液压卡盘

图 6-3　XZC 三轴联动车铣复合编程之零件工装夹具选择

6.4　XZC 三轴联动车铣复合加工零件的切削参数选择

切削参数应根据零件的材质、工况、装夹刚性（零件的装夹刚性、刀具的夹持刚性）、加工精度等因素综合考虑。

本章案例结合具体工艺条件，建议切削参数如图 6-4 所示（零件材质为不锈钢 SUS304）。

$\phi55mm$

$\phi35mm$

1．外径粗车
转速为 1000 r/min，每次切削深度为 1mm，进给速率为 0.1mm/r，车刀刀尖为 $R0.4mm$。

2．外径精车
转速为 1300 r/min，每次切削深度为 0.05mm，进给速率为 0.05mm/r，车刀刀尖为 $R0.4mm$。

3．外径切断
转速为 350 r/min，每次切削深度为 1mm，进给速率为 0.05mm/r，车刀刀尖为 $R0.2mm$。

4．钻孔（高速钢麻花钻）
转速为 1300 r/min，每次切削深度为 0.5mm，进给速率为 40mm/min。

5．攻螺纹（挤压丝锥）
转速为 200 r/min，每次切削深度为 10mm，进给速率为 140mm/min。

6．粗铣型腔
转速为 3500 r/min，每次切削深度为 0.3mm，切削宽度为 1.8mm，进给速率为 500mm/min。

7．精铣型腔
转速为 5000 r/min，每次切削深度为 3mm，进给速率为 380mm/min。

图 6-4　XZC 三轴联动车铣复合编程之零件切削参数

6.5　XZC 三轴联动车铣复合加工零件编程设置

1）移动图形到编程原点、设定带 C 轴的车铣复合机床、创建毛坯 $\phi80mm×60mm$（端面预留 1mm 加工余量）、创建外径粗车刀具（可参照之前所学）、粗车端面、粗车外径，粗车端面、粗车外径的具体步骤如图 6-5、图 6-6 所示。

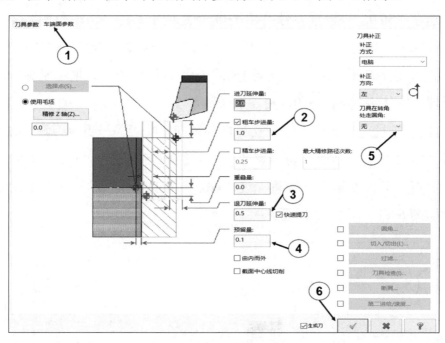

图 6-5　XZC 三轴联动车铣复合编程之粗车端面

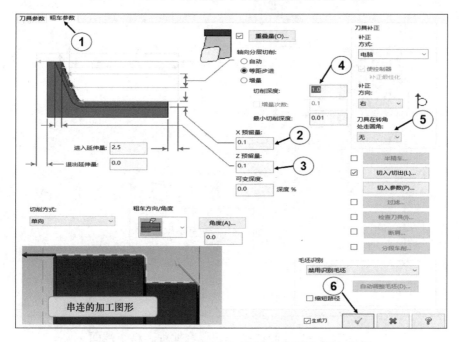

图 6-6　XZC 三轴联动车铣复合编程之粗车外径

2）精车端面、外径，相关设定步骤可参照之前所学。关键参数设置如图 6-7、图 6-8 所示。

3）创建 C 轴径向钻孔工序。选择 "C 轴钻孔"—选择加工孔—打开 C 轴钻孔对话框—选择左边工具栏 "刀具"—创建 ϕ3.5mm 钻头—设置主轴转速 "3000"—设置进给速率 "50.0"—设置刀号 "4"—选择左边工具栏 "切削参数"—设置循环方式 "深孔啄钻（G83）"—设置首次啄钻 "0.5"—设置副次啄钻 "0.5"—设置安全余隙 "5"—选择左边工具栏 "共同参数"—设置深度 "–8、增量坐标"，其余采用默认设置，具体步骤如图 6-9、图 6-10 所示。

4）创建 C 轴径向攻螺纹工序—复制 C 轴径向钻孔工序—更改刀具、钻孔类型、加工深度。选择左边工具栏 "切削参数"—将循环方式改为 "攻牙（G84）"—选择左边工具栏 "共同参数"—设置深度 "–6.0、增量坐标"，其余采用默认设置。具体步骤如图 6-11、图 6-12 所示。

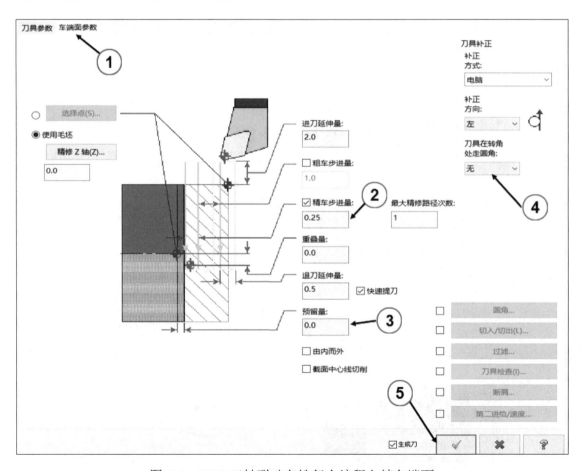

图 6-7　XZC 三轴联动车铣复合编程之精车端面

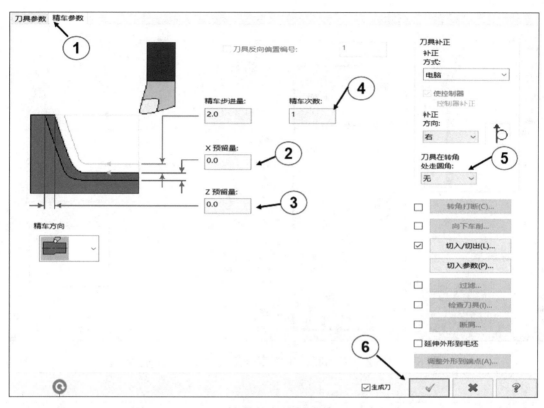

图 6-8　XZC 三轴联动车铣复合编程之精车外径

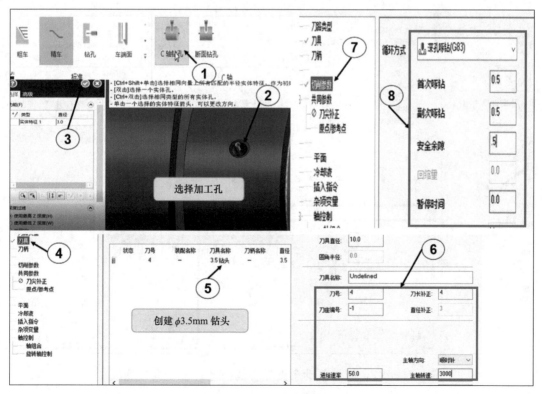

图 6-9　XZC 三轴联动车铣复合编程之 C 轴径向钻孔 1

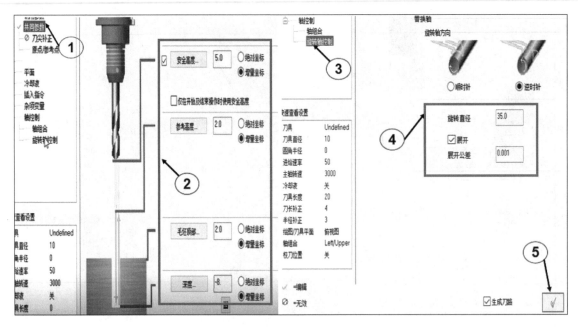

图 6-10　XZC 三轴联动车铣复合编程之 C 轴径向钻孔 2

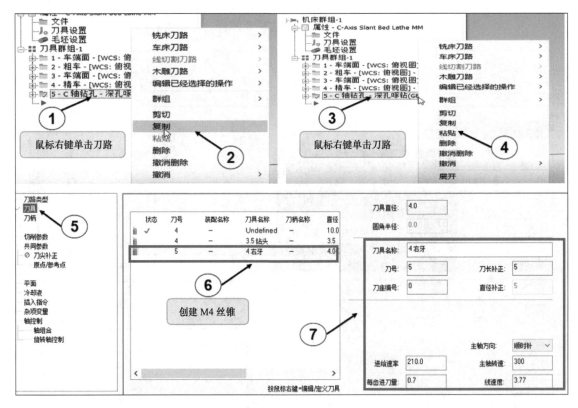

图 6-11　XZC 三轴联动车铣复合编程之 C 轴径向攻螺纹 1

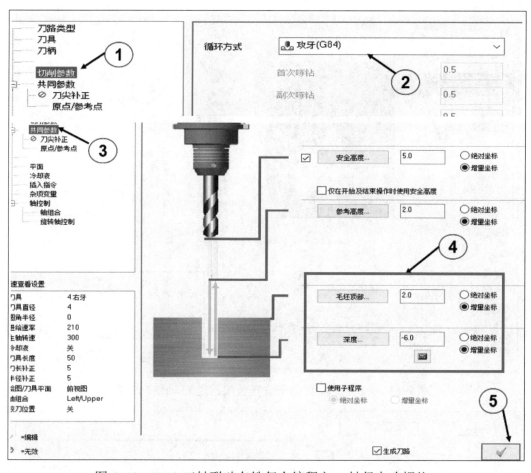

图 6-12　XZC 三轴联动车铣复合编程之 C 轴径向攻螺纹 2

5）创建 C 轴轴向钻孔工序。选择"端面钻孔"—选择加工孔，打开端面钻孔对话框—选择左边工具栏"刀具"—创建轴向用 φ3.5mm 麻花钻"—设置主轴转速"3000"—设置进给速率"50.0"—设置刀号"6"—选择左边工具栏"共同参数"—设置深度"-8.0、增量坐标"—选择左边工具栏"旋转轴控制"—设置旋转方式"C 轴"，其余采用默认设置。具体步骤如图 6-13、图 6-14 所示。

6）创建 C 轴轴向型腔粗加工工序。选择"挖槽"—通过实体轮廓线选取零件型腔轮廓（注意箭头的方向），打开挖槽参数设置对话框—选择左边工具栏"刀具"—创建 φ3mm 平铣刀—选择左边工具栏"切削参数"—设置壁边预留量"0.1"—设置底面预留量"0.1"—选择左边工具栏切削参数的"粗切"—设置切削间距（直径 %）"70.0"—勾选"由内而外环切"—选择左边工具栏"轴向分层切削"—设置最大粗切步进量"0.3"—选择左边工具栏"共同参数"—设置深度"-5.0、绝对坐标"—选择左边工具栏"旋转轴控制"—设置旋转方式"C 轴"，其余采用默认设置。具体步骤如图 6-15 ～图 6-17 所示。

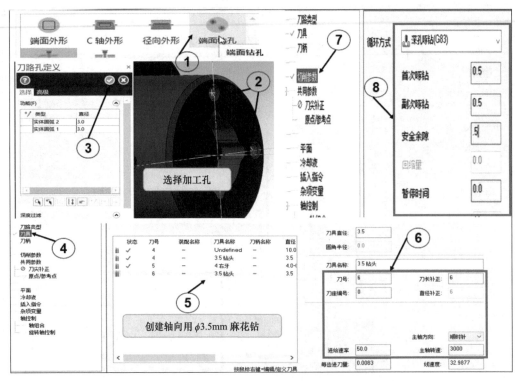

图 6-13　XZC 三轴联动车铣复合编程之 C 轴轴向钻孔 1

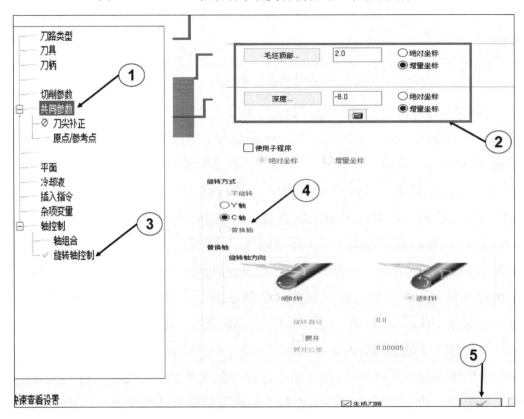

图 6-14　XZC 三轴联动车铣复合编程之 C 轴轴向钻孔 2

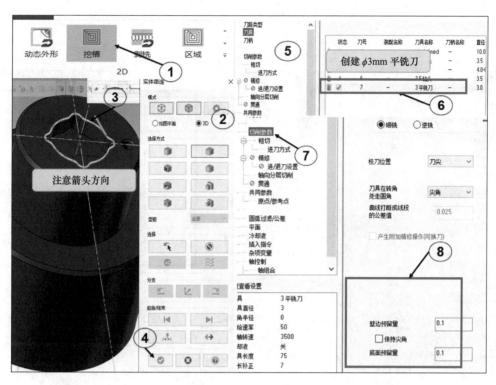

图 6-15　XZC 三轴联动车铣复合编程之 C 轴轴向型腔粗加工 1

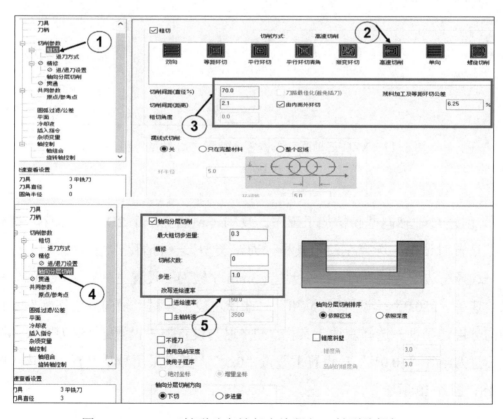

图 6-16　XZC 三轴联动车铣复合编程之 C 轴型腔粗加工 2

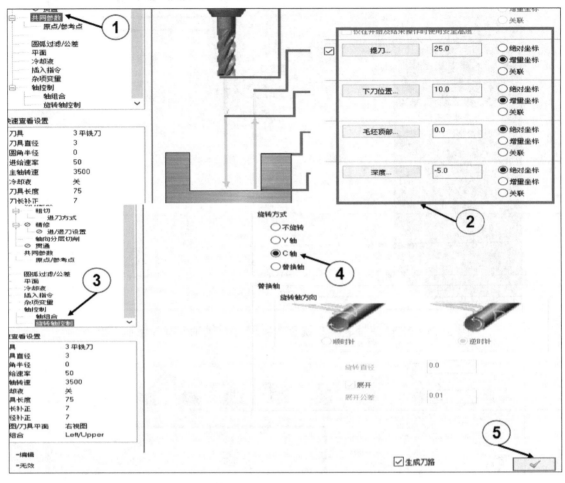

图 6-17　XZC 三轴联动车铣复合编程之 C 轴型腔粗加工 3

7）创建 C 轴轴向型腔精加工工序。复制、粘贴上一个 2D 挖槽工序，打开挖槽参数设置对话框—选择左边工具栏"刀路类型"—将刀路类型更改为"外形铣削"—选择左边工具栏"刀具"—创建 ϕ3mm 平铣刀—设置主轴转速"5000"—设置进给速率"380.0"—设置刀号"8"—选择左边工具栏"轴向分层切削"—设置"轴向分层切削"—选择左边工具栏"进 / 退刀设置"—设置进 / 退刀方式为圆弧进刀、进刀半径"60.0%"—设置重叠量"0.5"，其余采用默认设置。具体步骤如图 6-18、图 6-19 所示。

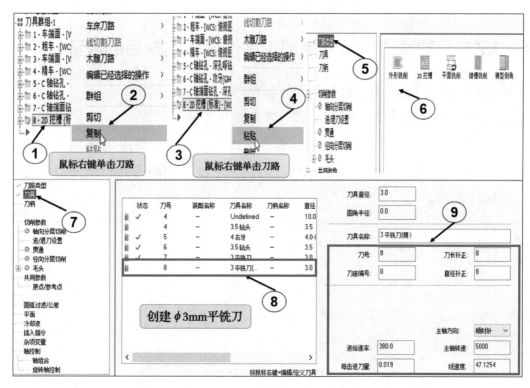

图 6-18　XZC 三轴联动车铣复合编程之 C 轴轴向型腔精加工 1

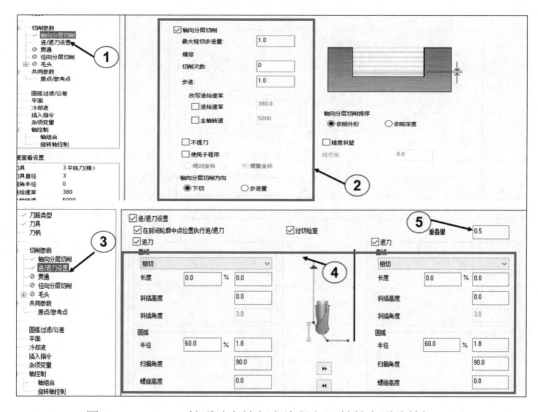

图 6-19　XZC 三轴联动车铣复合编程之 C 轴轴向型腔精加工 2

6.6　XZC 三轴联动车铣复合加工零件编程完毕后的检查

1）检查车削刀路的进 / 退刀是否与零件产生干涉。

2）检查铣削刀路的进 / 退刀是否与零件产生干涉。

3）检查各工序的切削参数、刀具编号、加工余量是否设定正确。

4）检查刀具的排位是否存在干涉（为避免干涉，切削刀具与铣削刀具应错开一个刀座位置）。

第 **7** 章　Mastercam 2022 XZC 三轴联动车铣复合机床后处理制作

7.1　Mastercam 2022 车铣复合后处理模板讲解

Mastercam 2022 有自带的后处理模块，可以通过模块里的设置进行常规性的后处理修改；也可以通过后处理文件进行修改，但要求读者具有计算机语言和英语基础。本章介绍利用 Mastercam 2002 后处理自带模板和后处理文件进行简单修改。XZC 三轴联动车铣复合编程后处理界面具体操作如图 7-1、图 7-2 所示。

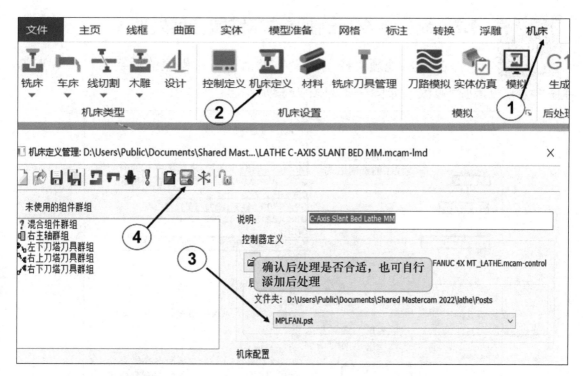

图 7-1　XZC 三轴联动车铣复合编程后处理界面操作 1

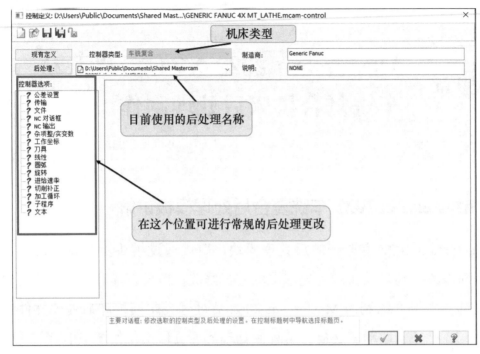

图 7-2　XZC 三轴联动车铣复合编程后处理界面操作 2

扫一扫看视频

7.2　制作 XZC 三轴联动车铣复合后处理 1

打开后处理"控制定义"对话框，对程序的后缀名、小数点等进行修改，如图 7-3 ～图 7-5 所示。

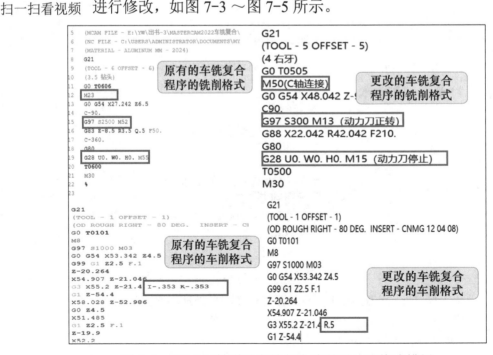

图 7-3　XZC 三轴联动车铣复合编程后处理格式模板

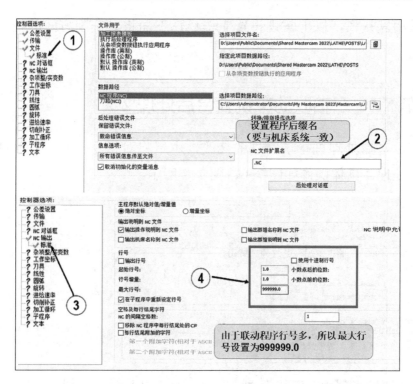

图 7-4　XZC 三轴联动车铣复合编程后处理制作 1

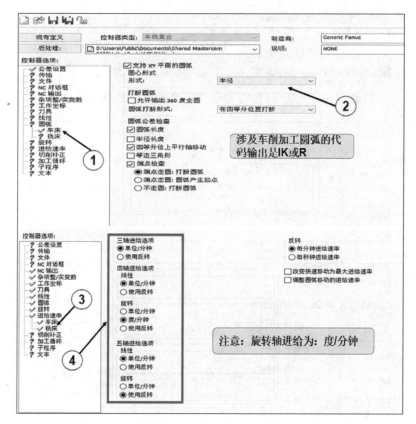

图 7-5　XZC 三轴联动车铣复合编程后处理制作 2

其余采用默认值，以上常规设置完毕后，下面将对铣削方式的指令代码进行优化修改。

7.3　制作 XZC 三轴联动车铣复合后处理 2

上一节针对后处理进行了常规的修改，本节将对指令代码进行修改，打开刚才创建的后处理，具体操作如图 7-6、图 7-7 所示。

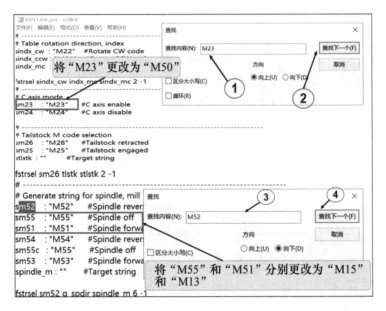

图 7-6　XZC 三轴联动车铣复合编程后处理制作 3

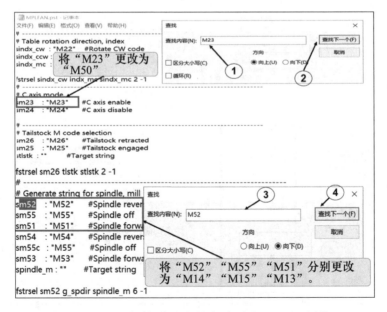

图 7-7　XZC 三轴联动车铣复合编程后处理制作 4

7.4　特别注意

在没有 Y 轴的车铣复合机床加工型腔或轮廓时，尽量采用极坐标 G112 插补，不仅效率高，而且便于刀具的补偿。本章案例中，请按图 7-8 所示进行设置。

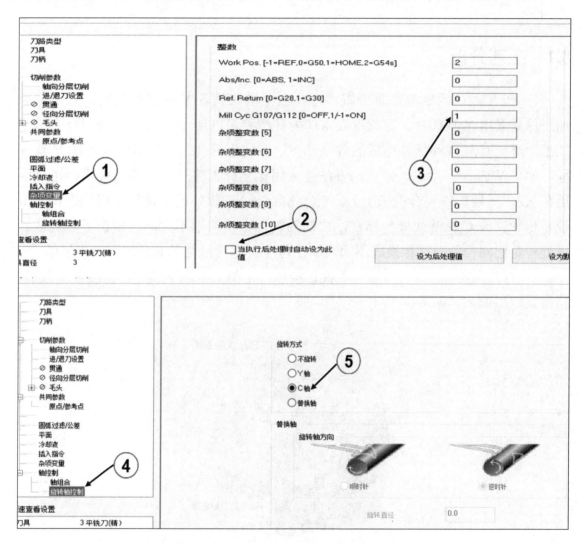

图 7-8　XZC 三轴联动车铣复合编程后处理制作 5

7.5　检查创建好的 XZC 三轴联动车铣复合后处理

1）后处理处理整个刀路过程是否有报警信息。

2）后处理处理出来的程序格式与之前所改的是否一致。

3）一个一个生成刀路，检查程序格式是否正确。

4）车铣复合程序中是否会出现 Y 字母。

第❽章 Mastercam 2022 XYZC 四轴联动车铣复合机床零件编程实例精讲

8.1 工艺分析

1）在 XYZC 四轴车铣复合编程中，由于机床具备 Y 轴插补功能，对于定向加工尽量采用 Y 轴插补。有精度要求的内孔型腔可以用 Y 轴插补配合刀补来进行加工，避免 C 轴联动插补造成的效率低下、多边形等现象。但是也要考虑 Y 轴行程，如果 Y 轴行程超差，最好的办法是采用极坐标程序进行加工（极坐标也可以用在 XZC 三轴车铣复合机床上）。对于 Mastercam 软件的车铣复合编程来说，不管是定轴铣或 C 轴铣或极坐标铣，它们的编程方法差别不大，区别在于后处理。后处理是把同样的刀路转换成不同的加工程序。本章沿用第 6 章的案例来讲解。

2）打开图档文件 8-1（通过手机扫描前言中的二维码下载），如图 8-1 所示。初步设定加工工艺如下：

图 8-1　XYZC 四轴联动车铣复合编程零件

1. 零件工艺分析 1

1）毛坯尺寸 ϕ60mm×60mm。

2）工序 1 夹持零件毛坯外径，粗、精车 ϕ55mm 外径和端面，总长预留 0.5mm 余量。

3）工序 2 成形软爪夹持 ϕ55mm 外径，粗精车 ϕ55mm 外径，总长加工到位，C 轴钻孔、C 轴攻螺纹、粗精铣型腔。

4）风险点：C 轴钻径向孔时，动力刀座与卡爪易产生干涉。

5）预防措施：卡爪须做避让措施。

2. 零件工艺分析 2

1）毛坯尺寸 ϕ60mm×1200mm（机床带自动送料器）。

2）工序 1 夹持零件毛坯外径，粗精车外径、端面，C 轴钻孔，C 轴攻螺纹，粗精铣型腔，接料器伸出，零件切断，总长预留 0.2mm 余量。

3）工序 2 成形软爪夹持 ϕ55mm 外径，粗精车总长。

4）风险点：接料器与零件会发生碰撞，容易导致零件碰伤。

5）预防措施：接料器做碰撞防护。

提示：零件直径越大、长度越长，旋转起来产生的偏摆力越大。在选用大直径零件进行自动送料加工前，应尽量考虑零件毛坯长度和旋转的风险、送料器和卡盘的夹持力。

本章案例采用第 2 种工艺分析的方案。

8.2　XYZC 四轴联动车铣复合加工零件的刀具选择

本章案例在第 6 章案例的基础上，增加了 ϕ2mm 铣刀和 R3mm 球头铣刀。由于加工材料是 SUS304 不锈钢，刀具选用条件参照以下要求。

1）ϕ2mm 铣刀选用键槽型铣刀结构，不等分螺旋槽，U 形底槽设计，采用瑞士巴尔查斯涂层，刃口过中心。

2）R3mm 球头铣刀选用圆弧后角清边结构，负前角设计、瑞士巴尔查斯涂层，刃口过中心，刀槽经过抛光处理，35°螺旋角度，如图 8-2 所示。

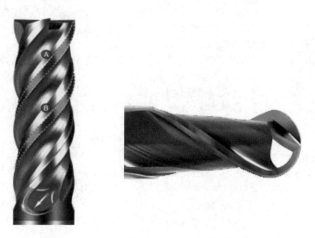

图 8-2　XYZC 四轴联动车铣复合编程之刀具选择

8.3　XYZC 四轴联动车铣复合加工零件的夹具选择

由于零件毛坯是圆棒，毛坯外径也有加工余量，工序 1 采用自定心卡盘夹持，卡爪采用普通的硬爪；工序 2 由于要夹持精加工过的零件外径，考虑夹持精度和零件的防护，采用软爪夹持（软爪需提前进行车削），如图 8-3 所示。

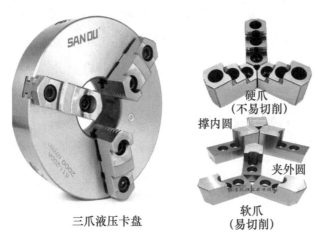

图 8-3　XYZC 四轴联动车铣复合编程之夹具选择

8.4　XYZC 四轴联动车铣复合加工零件的切削参数选择

由于是 XYZC 车铣复合编程，在第 6 章案例的基础上增加了径向和轴向内孔，是铣削成型，设定精铣转速为 4500r/min，精铣每次切削深度为 1mm，精铣进给速率为 220mm/min，其余不变，如图 8-4 所示。

有时内孔精铣后会出现喇叭口现象，可采用减少切深等方式来避免造成喇叭口。

1. 外径粗车
转速为 1000r/min，切削深度为 1mm，进给速率为 0.1mm/r，车刀刀尖为 R0.4mm。

2. 外径精车
转速为 1300r/min，切削深度为 0.05mm，进给速率为 0.05mm/r，车刀刀尖为 R0.4mm。

3. 外径切断
转速为 350r/min，每次切削深度为 1mm，进给速率为 0.05mm/r，车刀刀尖为 R0.2mm。

4. 钻孔（高速钢麻花钻）
转速为 2300r/min，每次切削深度为 0.3mm，进给速率为 30mm/min。

5. 精铣 ϕ2mm 内孔（精铣刀）
转速为 4500r/min，每次切削深度为 1mm，进给速率为 220mm/min。

6. 粗铣型腔
转速为 2200r/min，每次切削深度为 0.3mm，切宽为 1.8mm，进给速率为 600mm/min。

7. 精铣型腔
转速为 3500r/min，每次切削深度为 3mm，进给速率为 220mm/min。

图 8-4　XYZC 四轴联动车铣复合编程之切削参数选择

8.5 XYZC 四轴联动车铣复合零件编程

由于相对应的大部分车铣复合的编程结构都已在第 6
章编制完毕，本次只针对"内孔精铣"和"多轴钻孔"进
行讲解。

扫一扫看视频

1）将机床类型更改为四轴车铣复合机床。具体操作如图 8-5 所示。

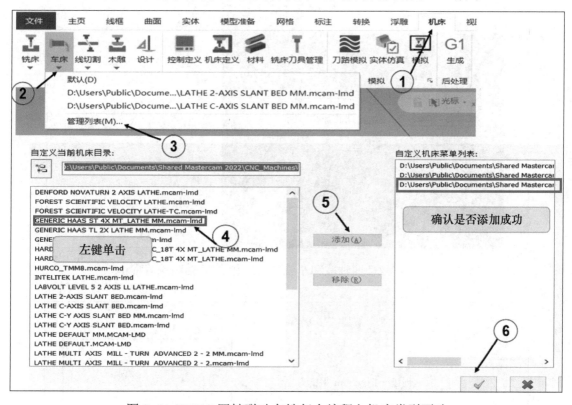

图 8-5　XYZC 四轴联动车铣复合编程之机床类型更改

2）创建径向内孔 Y 轴精加工工序。选择菜单栏"铣削"—单击"外形"，打开
图形选择对话框—选择通过实体边缘—选取径向内孔边线—单击 ⊘，打开外形铣削对
话框—选择左边工具栏"刀具"—创建一把 φ2mm 平铣刀—设置刀号"9"—设置主
轴转速"4500"—设置进给速率"220.0"—选择左边工具栏"切削参数"—设置外形
铣削方式"2D"等—选择左边工具栏"进/退刀设置"—设置进刀圆弧"0.2"—将退
刀设置与进刀设置一样，设置重叠量"0.1"—选择左边工具栏"共同参数"—设置
深度"3.0、绝对坐标"—设置毛坯顶部"19.0、绝对坐标"—选择左边工具栏"平
面"—设置刀具平面、绘图平面"俯视图"—选择左边工具栏"轴向分层切削"—设
置最大粗切步进量"0.5"—选择左边工具栏"旋转轴控制"—设置旋转方式"Y 轴"，
其余采用默认设置，具体步骤如图 8-6～图 8-10 所示。

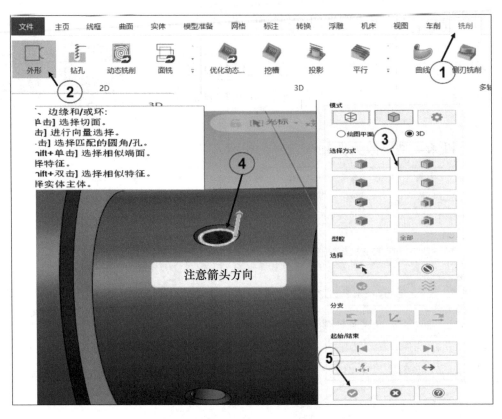

图 8-6 XYZC 四轴联动车铣复合编程之 Y 轴精铣编程 1

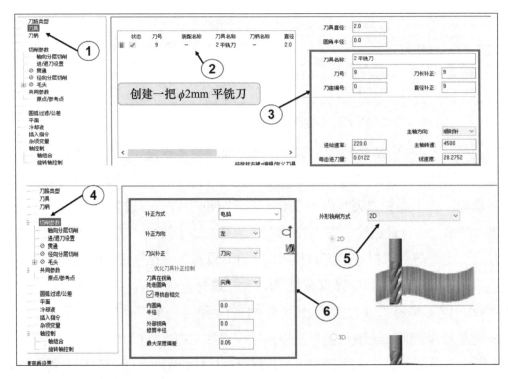

图 8-7 XYZC 四轴联动车铣复合编程之 Y 轴精铣编程 2

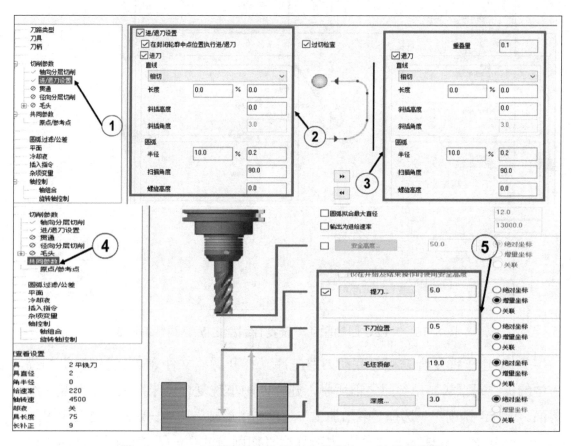

图 8-8　XYZC 四轴联动车铣复合编程之 Y 轴精铣编程 3

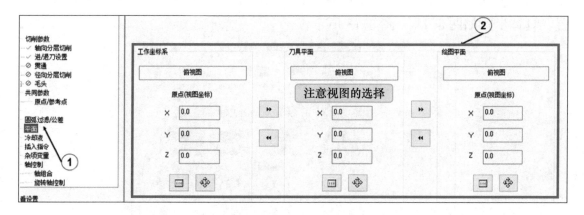

图 8-9　XYZC 四轴联动车铣复合编程之 Y 轴精铣编程 4

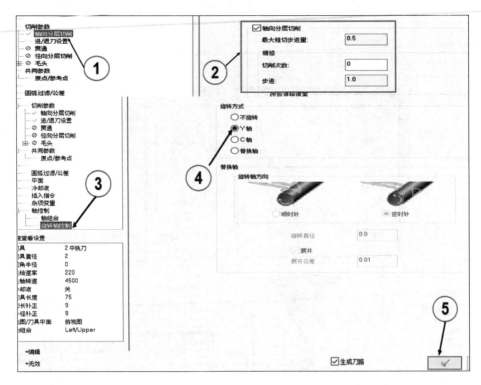

图 8-10   XYZC 四轴联动车铣复合编程之 Y 轴精铣编程 5

3）创建车铣复合编程之联动刀路工序。打开图档文件 8-2（通过手机扫描前言中的二维码下载），参照之前所学，建立四轴车铣复合机床，进入车铣复合编程界面。选择"铣削"—选择"多轴加工"—单击"旋转"功能—选择左边工具栏"刀具"—创建 R3mm 球刀—选择左边工具栏"切削方式"—设置曲面零件加工面—选择左边工具栏"刀轴控制"—设置旋转轴"X 轴"—设置最大步进量"2.0"—选择左边工具栏"平面"—设置刀具平面、绘图平面"俯视图"，其余采用默认设置，具体步骤如图 8-11 ～图 8-13 所示。

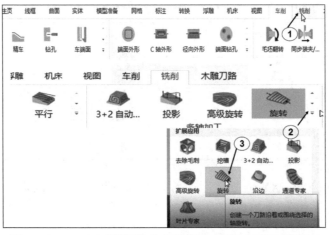

图 8-11   XYZC 四轴联动车铣复合编程之联动编程 1

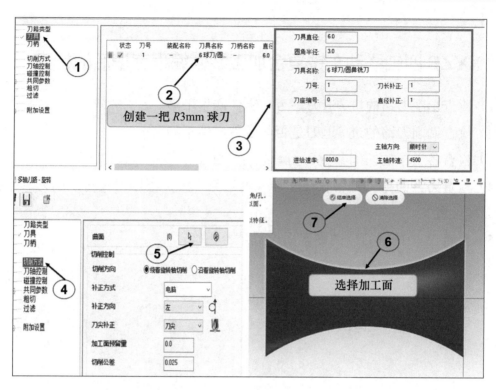

图 8-12　XYZC 四轴联动车铣复合编程之联动编程 2

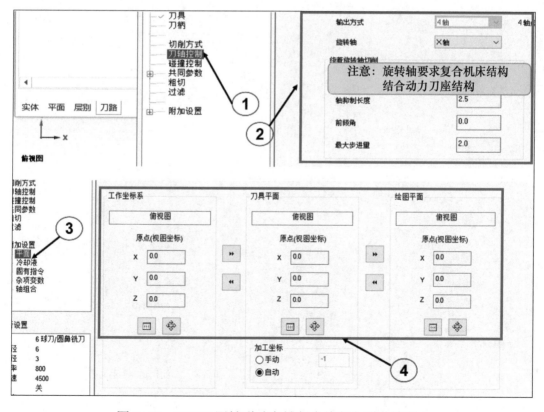

图 8-13　XYZC 四轴联动车铣复合编程之联动编程 3

8.6 XYZC 四轴联动车铣复合加工零件编程完毕后的检查

1）检查车削刀路的进 / 退刀是否与零件产生干涉。

2）检查铣削刀路的进 / 退刀是否与零件产生干涉。

3）检查各工序的切削参数、刀具编号、加工余量是否设定正确。

4）检查刀具的排位是否存在干涉（为避免干涉，车削刀具与铣削刀具应错开一个刀座位置）。

5）检查 Y 轴精铣刀路的图素面设置是否正确。

9.1 Mastercam 2022 XYZC 四轴联动车铣复合后处理模板讲解

对于 Mastercam 2022 的车铣复合功能来说，不管是定轴铣或 C 轴铣或极坐标铣，它们编程的方法和设置会有所不同，但对后处理来说，都是先进行对应的机床选择，然后再进行后处理修改。

9.2 制作 XYZC 四轴联动车铣复合后处理 1

1）确定机床类型为 XYZC 四轴车铣复合机床（具体步骤详见前面章节所学）。

扫一扫看视频

2）确认后处理的程序格式和代码，如图 9-1 所示。

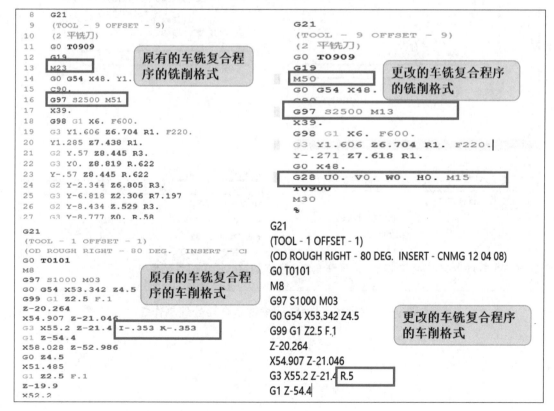

图 9-1　XYZC 四轴联动车铣复合后处理制作 1

9.3　制作 XYZC 四轴联动车铣复合后处理 2

1）复制"MPLFAN.pst"后处理，更名为"MPLFAN-y.pst"并单独放到 Shared Mastercam 2022\lathe\Posts 文件夹内。打开机床定义，加载后处理，重复图 7-1 ～ 图 7-4 所示步骤。

2）更改程序结尾，打开后处理文件，具体如图 9-2、图 9-3 所示。

提示： 车削时，Y 轴不在零位会导致车刀的中心高不对，所以结尾强制让 Y 轴回零。

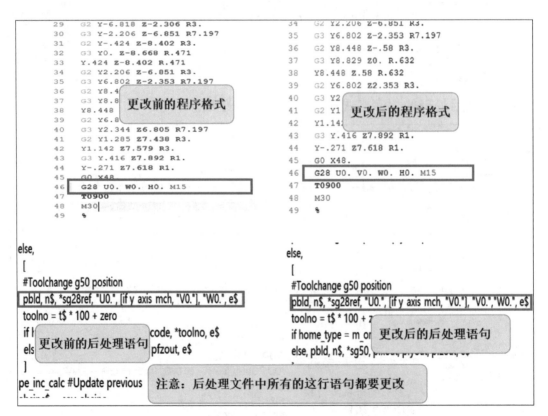

图 9-2　XYZC 四轴联动车铣复合后处理制作 2

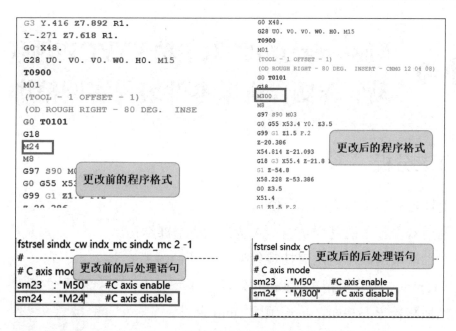

图 9-3　XYZC 四轴联动车铣复合后处理制作 3

9.4　检查创建好的 XYZC 四轴联动车铣复合后处理

1）出程序后检查后处理格式、代码是否和之前设置一样。

2）车铣复合程序中有没有 Y 数据。

3）后处理处理整个刀路过程是否有报警信息。

4）单个生成刀路，检查程序格式是否正确。

第 ❿ 章　Mastercam 2022双主轴XYZC四轴联动车铣复合机床零件编程实例精讲

10.1　工艺分析

1）毛坯尺寸设定为 ϕ42mm×42mm。

2）利用双主轴车铣复合功能一次装夹完成全部结构。

3）主轴端采用成形三爪夹持零件毛坯的外径，夹持深度为 15mm，接着粗精车 ϕ20mm 外径，深度加工 20mm，然后粗精车右端面，总长预留 1mm 余量。

4）副主轴端采用成形软爪夹持 ϕ20mm 外径，夹持深度为 10mm，接着粗精车外径和左端面，总长加工到位，然后精铣径向平面，尺寸加工到位，如图 10-1 所示。

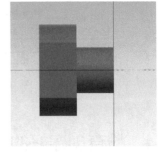

图 10-1　双主轴 XYZC 四轴联动车铣复合零件

10.2　零件加工刀具、工装夹具选择

由于零件毛坯是圆形，夹具采用自定心卡盘进行夹持，刀具的刀片选择不锈钢专用刀片，铣刀选择不锈钢专用铣刀，具体型号和规格可以根据单位的情况与刀具供应商进行沟通，如图 10-2 所示。

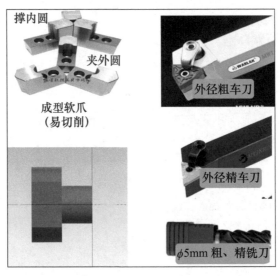

图 10-2　双主轴 XYZC 四轴联动车铣复合零件加工刀具、工装夹具选择

10.3 零件加工的切削参数选择

由于零件材质是不锈钢 304，属于疑难加工材料，该材料耐磨，容易出现加工硬化、粘刀的现象，刀具加工的线速度要比常规材料低。针对这些特性，给出本章案例一组切削参数的参考，如图 10-3 所示。

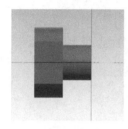

1．端面粗车
转速为 1000r/min、切削深度为 1mm、进给速率为 0.2mm/r。
2．外径粗车
转速为 1000r/min、切削深度为 1.5mm、进给速率为 0.2mm/r。
3．端面粗车
转速为 1300r/min、切削深度为 0.1mm、进给速率为 0.05mm/r。
4．粗铣平面
转速为 3500r/min、切削深度为 0.3mm、进给速率为 500mm/min。
5．精铣平面
转速为 4000r/min、切削深度为 0.05mm、进给速率为 200mm/min。

图 10-3　双主轴 XYZC 四轴联动车铣复合零件切削参数选择

10.4 双主轴 XYZC 四轴联动车铣复合机床零件的编程

Mastercam 在编制双主轴四轴联动零件程序前，机床必须选用双主轴四轴联动的车铣复合机床，然后才能进行"同步装夹""副主轴编程"等双主轴四轴联动零件的编程。

扫一扫看视频

本章案例在单主轴四轴联动机床的基础上进行车铣复合机床结构的重新设定。

1）打开图档文件 10-1.mcam（通过手机扫描前言中的二维码下载），选择"机床定义"，打开机床定义对话框，通过添加对话框下方的"机床组件"，对机床配置进行更改。具体操作如图 10-4、图 10-5 所示。

2）主轴、副主轴毛坯、卡爪设定。选择左边工具栏"毛坯设置"—选取毛坯"左侧主轴"—单击"参数 ..."—设置毛坯外径"42.0"—毛坯长度"42.0"—轴向位置的 Z"1.0"—设置轴为"−Z"—选取毛坯"右侧主轴"—单击"参数 ..."—设置毛坯外径"42.0"—毛坯长度"50.0"—轴向位置的 Z"130.0"—设置轴为"+Z"。选取卡爪设置"左侧主轴"—单击"参数 ..."—设置直径"42.0"—设置

Z "–40.0" —选取卡爪设置 "右侧主轴" —单击 "参数…" —设置直径 "42.0" —设置 Z "160.0"，其余采用默认设置。具体操作如图 10-6、图 10-7 所示。

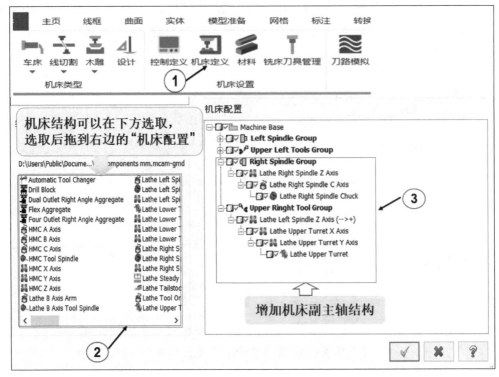

图 10-4 双主轴 XYZC 四轴联动车铣复合机床设定 1

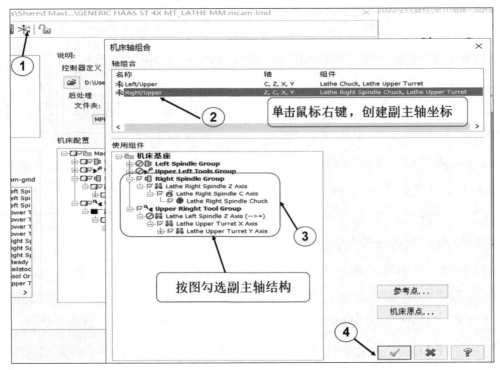

图 10-5 双主轴 XYZC 四轴联动车铣复合机床设定 2

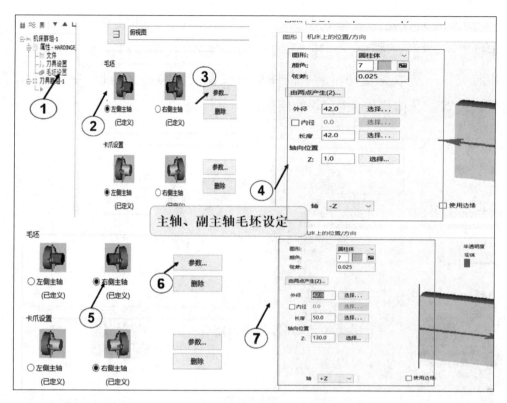

图 10-6　双主轴 XYZC 四轴联动车铣复合机床主轴、副主轴毛坯设定

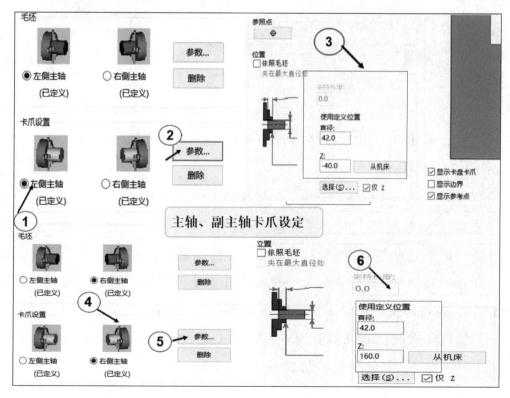

图 10-7　双主轴 XYZC 四轴联动车铣复合机床主轴、副主轴卡爪设定

3）同步装夹设定。选择菜单栏"车削" 单击"同步装夹/..."功能—选择"左主轴"—单击 ☑ 确定，打开"切断/同步装夹/拉动棒料设置"对话框—选择"同步装夹"—选取需要同步装夹的图形—设置同步装夹 Z 坐标"–16.0"，其余采用默认设置。具体操作如图 10-8 所示。

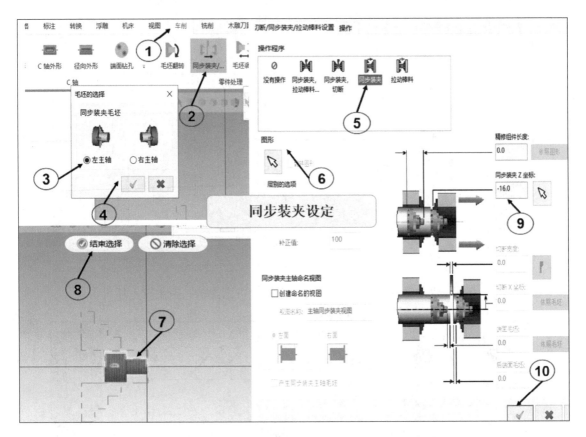

图 10-8　双主轴 XYZC 四轴联动车铣复合机床同步装夹设定

4）副主轴车削编程：

①创建副主轴零件车削轮廓线，创建步骤参照之前所学。

②在副主轴车削加工时，要注意刀具的创建、坐标的设定、进/退刀的设定。下面只针对这些进行讲解，其他端面参数设置请参照之前所学。创建反手车刀—单击"轴组合/原始主轴"—选择车床右上刀塔—设置副主轴 Z 轴零点为"105.0"（也可捕捉副主轴零件左侧端面圆心）—单击 ☑ 确定—单击"用户定义"—设置机床原点"X:69.818，Z:62.382"（也可自行通过光标捕捉安全点），其余采用默认设置。具体操作如图 10-9、图 10-10 所示。

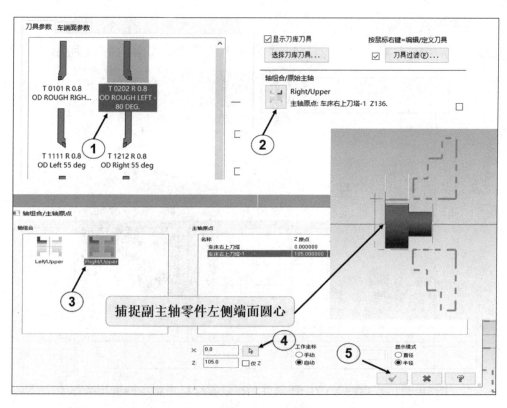

图 10-9　双主轴 XYZC 四轴联动车铣复合机床副主轴车端面 1

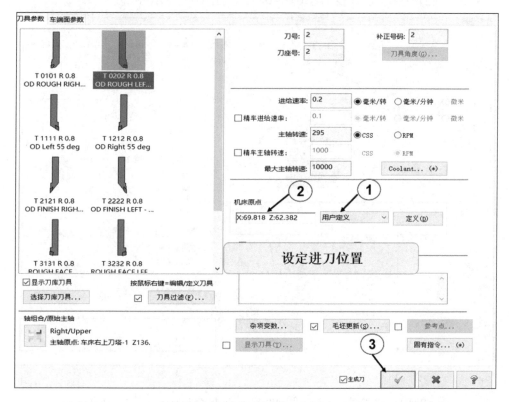

图 10-10　双主轴 XYZC 四轴联动车铣复合机床副主轴车端面 2

5）副主轴铣削编程：

①创建铣削的图素定面，创建步骤参照之前所学，如图 10-11 所示。

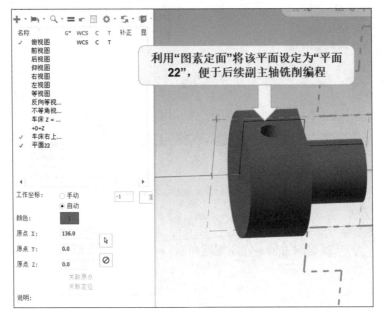

图 10-11　双主轴 XYZC 四轴联动车铣复合机床副主轴铣削编程 1

②创建"面铣"，具体操作如图 10-12、图 10-13 所示。

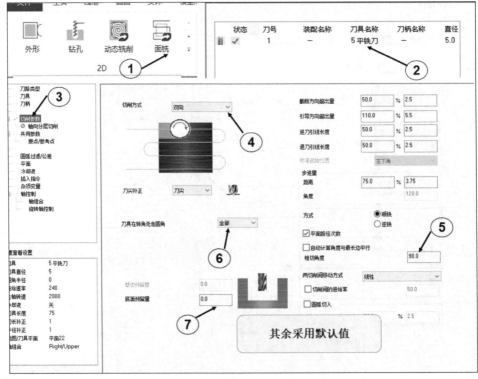

图 10-12　双主轴 XYZC 四轴联动车铣复合机床副主轴铣削编程 2

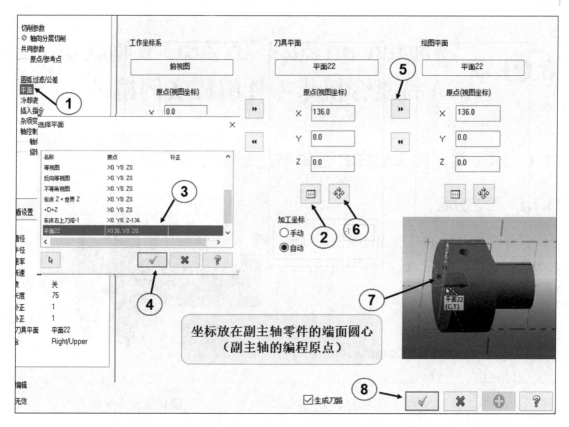

图 10-13　双主轴 XYZC 四轴联动车铣复合机床副主轴铣削编程 3

10.5　编程完毕后的检查

1）通过模拟检查程序的加工轨迹是否正确。

2）通过模拟检查进 / 退刀是否正确。

3）双主轴 XYZC 车铣复合编程中的主轴、副主轴毛坯、夹具设定是否正确。

4）双主轴 XYZC 车铣复合编程中的同步装夹的设定是否正确。

第 ⑪ 章　Mastercam 2022 XYZBC 五轴联动车铣复合机床零件编程实例精讲

11.1　螺旋桨零件 XYZBC 五轴联动车铣复合编程

11.1.1　工艺分析

打开图档文件 11-1（通过手机扫描前言中的二维码下载），如图 11-1 所示。初步设定加工工艺如下：

图 11-1　XYZBC 五轴联动
车铣复合编程零件 1

1. 零件工艺分析 1

1）毛坯尺寸为 ϕ160mm×330mm，材质为 Al6061。

2）工序 1 夹持零件毛坯外径，粗精车 ϕ150.3mm 外径和端面，深度加工到 180mm，总长预留 2mm 余量。

3）工序 2 成形软爪夹持 ϕ150.3mm 外径，粗精车 ϕ60mm 外径，端面钻中心孔，总长加工到位。

4）工序 3 夹持 ϕ150mm 外径，采用一夹一顶方式加工，增加装夹刚性。

5）风险点：C 轴径向联动铣削时，B 轴刀塔与卡爪、尾座、顶针易产生干涉。

6）预防措施：卡爪须做避让措施，铣削注意进 / 退刀和铣刀长度，避免与尾座、顶针发生干涉。

2. 零件工艺分析 2

1）毛坯尺寸为 ϕ160mm×330mm，材质为 Al6061。

2）工序 1 夹持零件毛坯外径，粗精车 ϕ60mm 外径，深度加工到位，端面精加工，总长预留 2mm 余量。

3）工序 2 成形软爪夹持 ϕ60mm 外径，粗精车总长，粗精铣螺旋槽。

4）风险点：C 轴径向联动铣削时，B 轴刀塔与卡爪、尾座、顶针易产生干涉；零件悬伸太长，没有刚性，易产生加工过程的振刀、零件松动、尺寸不稳定等现象。

5）预防措施：卡爪须做避让措施，铣削注意进 / 退刀和铣刀长度，避免与尾座、顶针发生干涉。

6）零件装夹刚性问题依然存在风险。

提示：零件悬伸长，铣削时会产生振动现象，会因切削力的问题导致夹持力降低、尺寸不稳定。为保证加工过程的稳定性，尽量考虑好零件毛坯长度和装夹刚性与切削平稳的关系。

本案例采用第 1 种工艺分析的方案。

11.1.2　XYZBC 五轴联动车铣复合加工零件的刀具选择

1）外径粗车刀选用 W 型刀片结构，刀尖圆弧为 R0.8mm，适合大余量粗车。

2）外径精车刀选用 D 型刀片结构，刀尖圆弧为 R0.4mm，适合小余量精车，并且后角可以加工向下的小角度轮廓。

3）ϕ16mm 铣刀选用圆鼻铣刀结构，刀尖圆弧为 R2.0mm，U 型底槽设计，采用瑞士巴尔查斯涂层，刃口过中心。

4）R5mm 铝合金专用用球头铣刀选用 2 刃铣刀，避免粘削，刃口过中心，全磨刃口，35°螺旋角度。

具体刀具选择如图 11-2 所示。

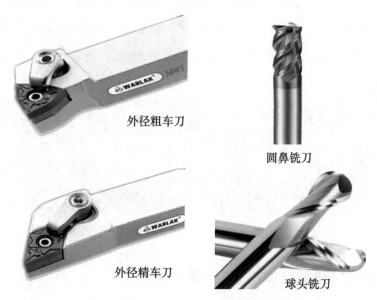

外径粗车刀

圆鼻铣刀

外径精车刀

球头铣刀

图 11-2　XYZBC 五轴联动车铣复合编程之刀具选择

11.1.3　XYZBC 五轴联动车铣复合加工零件的夹具选择

由于零件毛坯是圆棒，毛坯外径也有加工余量，工序 1 采用自定心卡盘夹持，卡爪采用普通的硬爪；工序 2 由于要夹持精加工过的零件外径，考虑夹持精度和零件的防护，采用软爪夹持（软爪须提前进行车削）；工序 3 由于考虑工件装夹刚性，采用一夹一顶方式。具体夹具选择如图 11-3 所示。

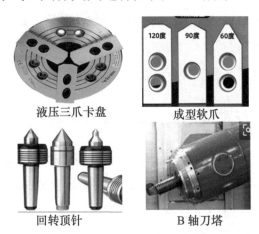

液压三爪卡盘　　　　　　成型软爪

回转顶针　　　　　　　　B 轴刀塔

图 11-3　XYZBC 五轴联动车铣复合编程之夹具选择

11.1.4　XYZBC 五轴联动车铣复合加工零件的切削参数选择

由于是 XYZBC 五轴联动车铣复合编程，材料是铝合金 6061，铣削加工只是径向粗精铣，结合动力刀座的刚性和转速，设定精铣转速为 5500r/min，精铣每次切削深度为 0.3mm，精铣进给速率为 2000mm/min，粗铣转速为 2200r/min，精铣每次切削深度为 1mm，精铣进给速率 1200mm/min，其余不变。部分切削参数选择如图 11-4 所示。

1）外径粗车：转速为 800 r/min，切削深度为 3mm，进给速率为 0.35 mm/r。
2）端面粗车：转速为 800 r/min，切削深度为 2mm，进给速率为 0.22 mm/r。
3）外径精车：转速为 1200 r/min，切削深度为 0.15mm，进给速率为 0.1 mm/r。
4）端面精车：转速为 1200 r/min，切削深度为 0.2mm，进给速率为 0.15 mm/r。
5）径向粗铣：转速为 2200 r/min，切削深度为 1mm，进给速率为 1200 mm/min；
　　转速为 5000 r/min，切削深度为 0.3mm，进给速率为 2000 mm/min。

图 11-4　XYZBC 五轴联动车铣复合编程之切削参数选择

11.1.5　XYZBC 五轴联动车铣复合零件编程

扫一扫看视频

1）本例按照四轴车铣复合机床进行案例讲解。先将机床类型更改为四轴车铣复合机床。具体步骤如图 11-5 所示。

2）创建零件工序 1 车铣复合编程工序。首先通过"车削轮廓"功能将零件车削轮廓生成；再将车削轮廓与零件的 3D 图形放在不同的层别内；然后进行零件毛坯设置。具体步骤可参照之前所学。

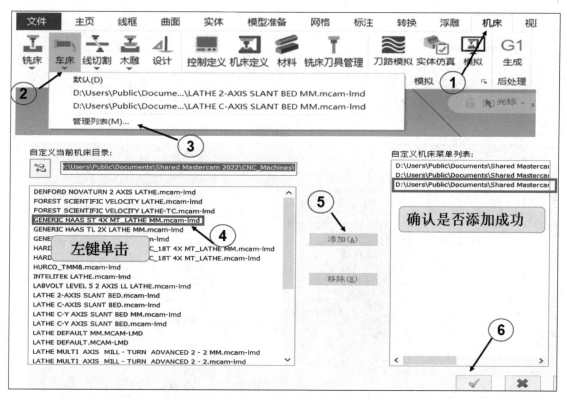

图 11-5　XYZBC 五轴联动车铣复合编程之机床类型更改

3）选择菜单栏"车削"—单击"车端面"，打开"车端面"参数设置对话框—选择"刀具参数"选项卡—创建一把外径粗车刀—设置刀号"1"—设置主轴转速"800"—设置进给速率"0.22"—选择"车端面参数"选项卡—设置粗车步进量"2.0"—设置预留量"0.1"，其余采用默认设置。部分具体步骤如图 11-6、图 11-7 所示。

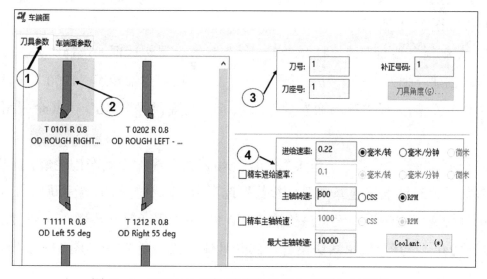

图 11-6　XYZBC 五轴联动车铣复合编程之车端面 1

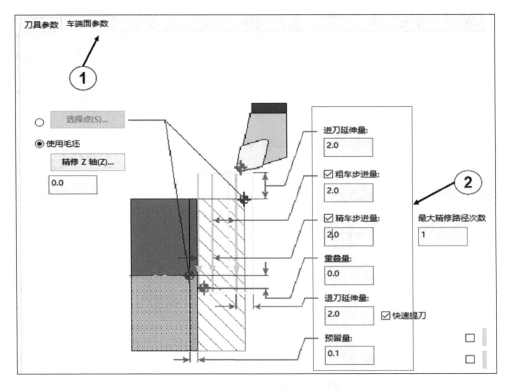

图 11-7　XYZBC 五轴联动车铣复合编程之车端面 2

4）选择菜单栏"车削"—单击"粗车"，串连此工序"加工的车削轮廓"，打开"粗车"参数设置对话框—选择"刀具参数"选项卡—创建与粗车端面同样的刀具—设置主轴转速"800"—设置进给速率"0.35"—选择"粗车参数"选项卡—设置切削深度"2.0"—设置 X、Z 预留量"0.1"，其余采用默认设置。部分具体步骤如图 11-8 所示。

5）复制粗车端面刀路，打开"车端面"参数设置对话框—选择"刀具参数"选项卡—创建一把外径精车刀—设置刀号"2"—设置主轴转速"1200"—设置进给速率"0.1"—选择"车端面参数"选项卡—设置预留量"0"，其余采用默认设置。

6）选择菜单栏"车削"—单击"精车"，串连此工序加工的车削轮廓，打开"精车"参数设置对话框—选择"刀具参数"选项卡—选择与精车端面同样的刀具—设置主轴转速"1200"—设置进给速率"0.1"—选择"精车参数"—设置 X、Z 预留量"0.0"，其余采用默认设置。部分具体步骤如图 11-9、图 11-10 所示。

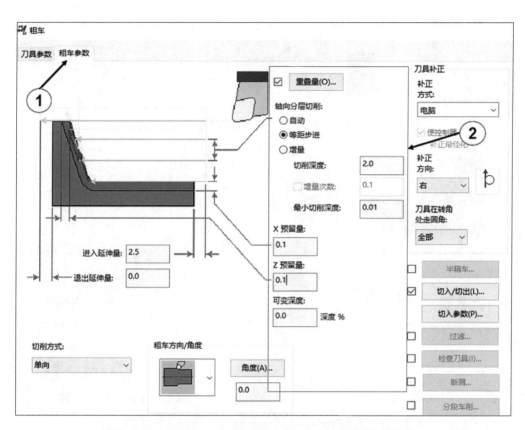

图 11-8　XYZBC 五轴联动车铣复合编程之外径粗车

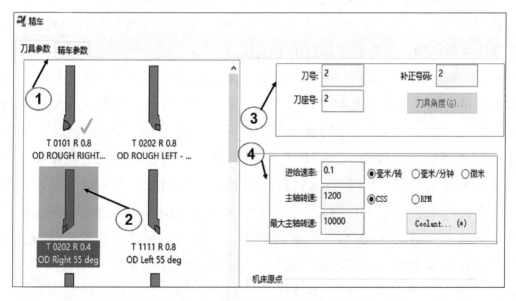

图 11-9　XYZBC 五轴联动车铣复合编程之外径精车 1

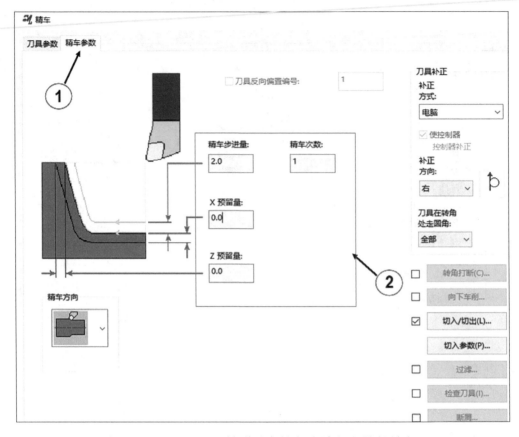

图 11-10　XYZBC 五轴联动车铣复合编程之外径精车 2

7）创建零件工序 2 车铣复合编程工序。可参照之前所学。

8）创建零件工序 3 车铣复合编程工序。利用车削轮廓线和旋转功能创建车削后的零件实体结构，并将其移动到第 13 层别。

9）选择菜单栏"铣削"—多轴加工"高级旋转"，打开"高级旋转"参数设置对话框—选择左边工具栏"刀具"—创建一把 D16R2 圆鼻铣刀—设置刀号、刀长补正号"6"—设置主轴转速"2200"—设置进给速率"1200.0"—选择左边工具栏"毛坯"—设置毛坯"依照选择图形"—选取加工的毛坯结构—设置"毛坯调整"为收缩"0.1"—选择左边工具栏"切削方式"—设置排序的切削方式"单向"—设置最大步进量"2"—设置深度切削步进"固定深度步进"—设置固定深度步进的距离"1"—选择左边工具栏"自定义组件"—设置加工几何图形为螺旋槽侧面、底面、底面圆角（可通过光标进行窗选）—设置切削公差"0.5"—设置旋转轴的基于点为零件右端面圆心—设置旋转轴的方向零件中心线（箭头方向朝右）—设置毛坯预留量"0.3"，其余采用默认设置。部分具体步骤如图 11-11～图 11-14 所示。

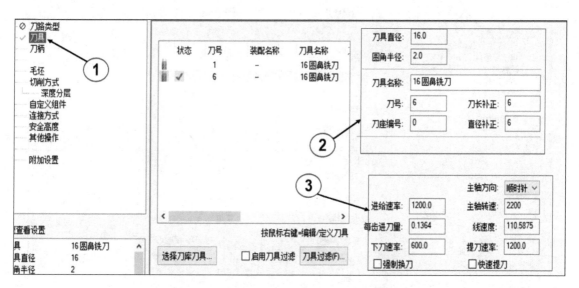

图 11-11　XYZBC 五轴联动车铣复合编程之旋转粗铣 1

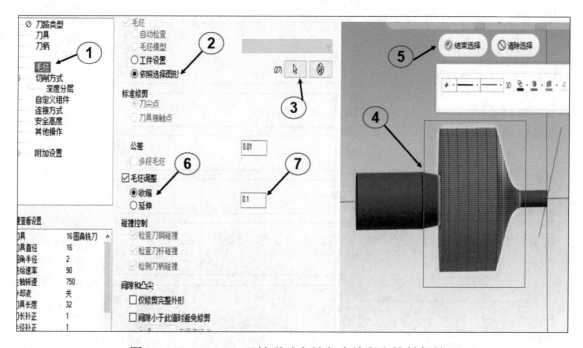

图 11-12　XYZBC 五轴联动车铣复合编程之旋转粗铣 2

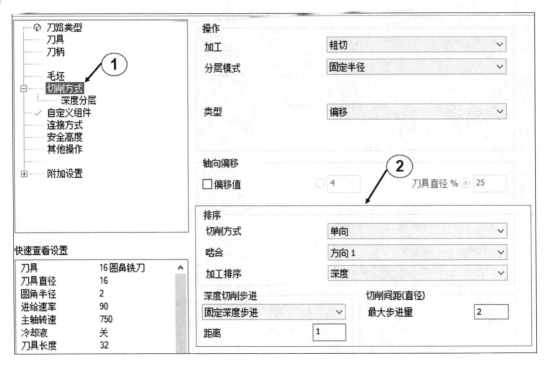

图 11-13　XYZBC 五轴联动车铣复合编程之旋转粗铣 3

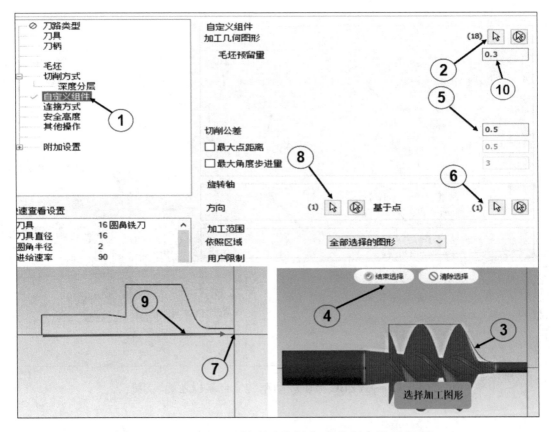

图 11-14　XYZBC 五轴联动车铣复合编程之旋转粗铣 4

10）选择菜单栏"铣削"—多轴加工"渐变"，打开"渐变"参数设置对话框—选择左边工具栏"刀具"—创建一把 $R5mm$ 球头铣刀—设置刀号、刀长补正号"6"—设置主轴转速"5000"—设置进给速率"2200"—选择左边工具栏"切削方式"—选择从模型—选择曲面—选择零件最大外形曲面—选择到模型—选择零件根部圆角—选择加工面—选择侧面螺旋加工面—设置最大步进量"0.3"。

11）选择左边工具栏"连接方式"—设置安全区域的类型"圆柱"、方向"X轴"—设置半径"用户定义，90"，其余采用默认设置。具体步骤如图 11-15 所示。

12）选择左边工具栏"碰撞控制"—设置"策略与参数"为"倾斜刀具、自动"—设置"避让几何图形"—选择加工图形反面的螺旋面—设置安全角度"0.5"—选择左边工具栏"高级选项"—设置最大、最小倾斜角度"15.0、-15.0"。具体步骤如图 11-16、图 11-17 所示。

13）选择左边工具栏"默认切入 / 切出"—设置切入的类型"垂直切弧"—设置刀轴方向"切线"—将切入方式复制到切出方式，具体步骤如图 11-18 所示。

14）零件车铣复合联动编程用的辅助面、辅助线的创建。将视图摆正到俯视图状态，在零件螺旋面边缘处画一条竖直线—将螺旋底面复制到 23 层，并关闭其他层，只显示 23 层—通过"修剪到曲线"功能将曲面进行修剪—通过"单边缘曲线"抽取曲面两侧的边缘线—通过"转成单一曲线"将抽取的两侧曲线转成单独的两根连续的线段。具体步骤如图 11-19 所示。

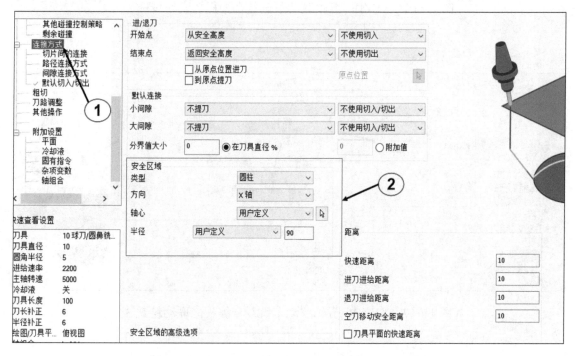

图 11-15　XYZBC 五轴联动车铣复合编程之联动精铣 1

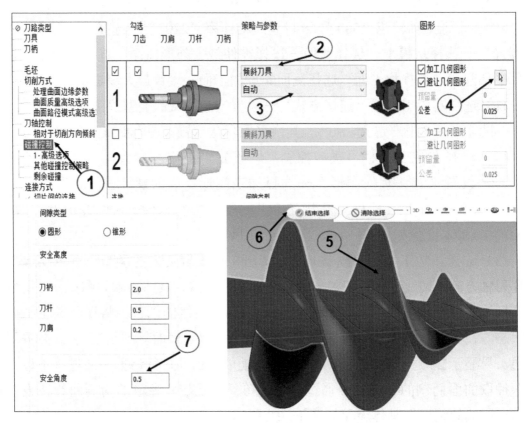

图 11-16　XYZBC 五轴联动车铣复合编程之联动精铣 2

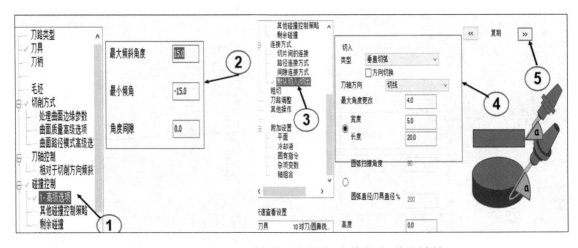

图 11-17　XYZBC 五轴联动车铣复合编程之联动精铣 3

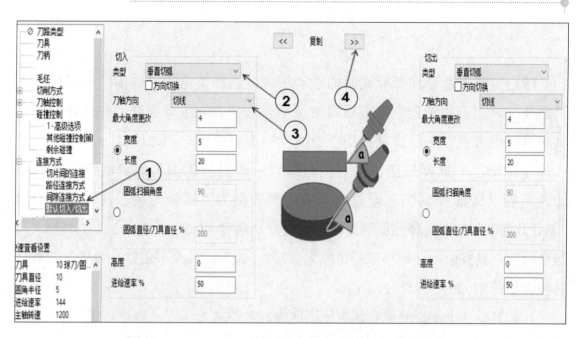

图 11-18　XYZBC 五轴联动车铣复合编程之联动精铣 4

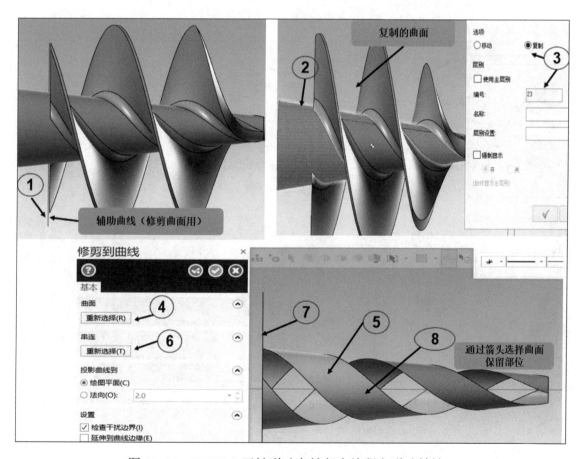

图 11-19　XYZBC 五轴联动车铣复合编程之联动精铣 5

15）车铣复合零件螺旋底面的联动编程。选择菜单栏"铣削"—多轴加工"渐变"，打开"渐变"参数设置对话框—选择 *R*5mm 球头铣刀—选择左边工具栏"切削方式"—设置从模型"曲线"—选择曲面一侧边缘线—设置到模型"模型图形"—选择曲面另外一侧边缘线—设置加工面为螺旋底面—选择左边工具栏"碰撞控制"—设置"策略与参数"为"倾斜刀具、自动"—设置"避让几何图形"—选择侧面螺旋面—设置安全角度"0.5"—选择左边工具栏"高级选项"—设置最大、最小倾斜角度为"20、−20"，其余采用默认设置。部分具体步骤如图 11-20、图 11-21 所示。

16）另外一个螺旋侧面和螺旋底面的编程参照之前所学，自行创建。

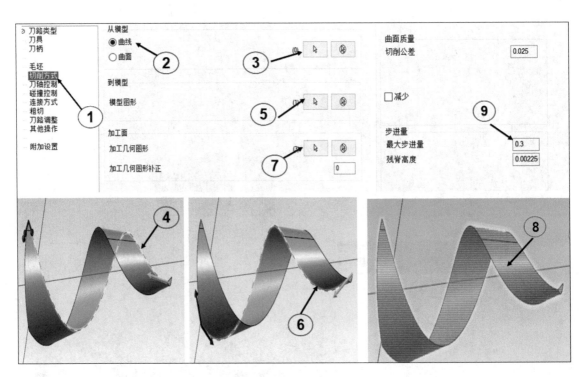

图 11-20　XYZBC 五轴联动车铣复合编程之联动精铣 6

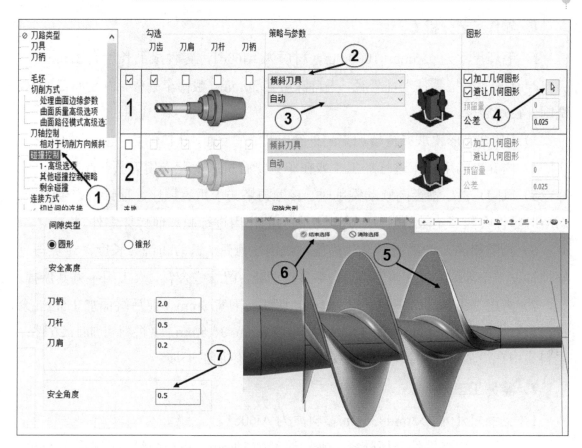

图 11-21　XYZBC 五轴联动车铣复合编程之联动精铣 7

11.2　驱动轮零件 **XYZBC** 五轴联动车铣复合编程

11.2.1　工艺分析

打开图档文件 11-2（通过手机扫描前言中的二维码下载），如图 11-22 所示。初步设定加工工艺如下：

图 11-22　XYZBC 五轴联动车铣复合编程零件 2

1. 零件工艺分析 1

1）毛坯尺寸为 $\phi 55mm \times 1000mm$，材质为 Al6061，零件成品长度为 32mm。

2）工序 1 夹持零件毛坯外径，夹持深度为 30mm。粗精车外径，内孔加工到位，铣削外径螺旋槽。

3）工序 2 成形软爪夹持精加工的外径，粗精车反面，孔口倒角，总长加工到位。

4）内孔键槽用插床进行加工，或在车铣复合机床上配专用刀具一起加工。

5）风险点：C 轴径向联动铣削时，B 轴刀塔与卡爪、尾座、顶针易产生干涉。切断时零件会随着主轴的转动，通过切削力的作用进行脱离而摔坏零件。

6）预防措施：卡爪需做避让措施，铣削注意进 / 退刀和铣刀长度，避免与尾座顶针发生干涉；切断时调整转速，不直接切断，留一些余料，人工用手将其掰掉。

7）考虑加工干涉，下料长度为 1m，切断刀刀宽 3mm，前后端面加 1.5mm 余量，1 个零件理论用料长度为 32mm+3mm+1.5mm=36.5mm，1 根料可加工 26 件；尾料集中在最后一起加工，并且用芯棒定位，避免加工干涉。

2. 零件工艺分析 2

1）毛坯尺寸为 $\phi 55mm \times 35mm$，材质为 Al6061。

2）工序 1 夹持零件毛坯外径，夹持深度为 30mm，粗车外径，内孔加工到位。

3）工序 2 成形软爪夹持精加工外径，粗精车反面，孔口倒角，总长加工到位。

4）工序 3 芯棒与内孔配合，轴向螺母压紧，精加工外径，铣削螺旋槽。

5）风险点：芯棒的直径与零件最大外径比例大，会导致芯棒的刚性不够，影响加工稳定性。

6）预防措施：可增加尾座来顶紧。

本案例选择第 1 种工艺分析的方案。

11.2.2 XYZBC 五轴联动车铣复合加工零件的刀具选择

1）外径粗车刀选用 W 型刀片结构，刀尖圆弧为 $R0.8mm$，适合大余量粗车，是铝合金加工专用刀片。

2）外径精车刀选用 D 型刀片结构，刀尖圆弧为 $R0.4mm$，适合小余量精车，并且前角为正交的铝合金专用刀片。

3）内孔采用 U 钻 + 内孔精车刀。

4）切断刀采用 3mm 宽的铝合金专用刀片，刀杆单边加工深度大于 15mm。

5）R10mm 铝合金专用球头铣刀选用 2 刃铣刀，避免粘削，刃口过中心，全磨刃口，35° 螺旋角度。

具体刀具选择如图 11-23 所示。

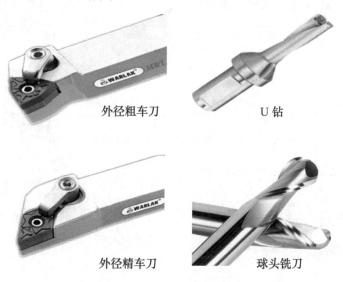

外径粗车刀　　　　　　　　U 钻

外径精车刀　　　　　　　　球头铣刀

图 11-23　XYZBC 五轴联动车铣复合编程之刀具选择

11.2.3　XYZBC 五轴联动车铣复合加工零件的夹具选择

本案例的零件毛坯是圆形棒料，装夹方式如下：

1）工序 1 硬爪夹持零件毛坯外径，伸出 40mm。

2）工序 2 成形软爪夹持精加工的外径，端面做轴向限位，夹持深度不低于 20mm。

11.2.4　XYZBC 五轴联动车铣复合加工零件的切削参数选择

本案例的零件材质与上一个案例相近，但零件毛坯外径和装夹刚性会有所不同，所以车削外径、内孔、切断和铣削螺旋槽时会根据刀具等加工状况进行调整。具体如图 11-24 所示。

> 1）外径粗车：转速为 1300 r/min，切削深度为 3mm，进给速率为 0.4 mm/r。
> 2）端面粗车：转速为 1300 r/min，切削深度为 2mm，进给速率为 0.28 mm/r。
> 3）外径精车：转速为 2200 r/min，切削深度为 0.15mm，进给速率为 0.05 mm/r。
> 4）端面精车：转速为 2200 r/min，切削深度为 0.1mm，进给速率为 0.05 mm/r。
> 5）铣削螺旋槽：转速为 2200 r/min，切削深度 0.3mm，进给速率为 2000 mm/min。
> 6）切断：转速为 500 r/min，切削深度为 1mm，进给速率为 0.15 mm/r。切断直径范围为 $\phi25 \sim 28$mm。

图 11-24　XYZBC 五轴联动车铣复合编程之切削参数选择

11.2.5　XYZBC 五轴联动车铣复合零件编程

1）本例机床类型按照四轴车铣复合机床进行选择。先将机床类型更改为四轴车铣复合机床。具体步骤如图 11-25 所示。

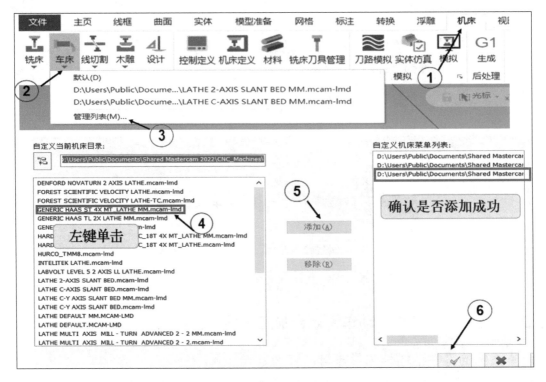

图 11-25　XYZBC 五轴联动车铣复合编程之机床选择

2）创建零件工序 1 车铣复合编程工序。首先通过"车削轮廓"功能将零件车削轮廓生成，再进行零件毛坯设置和外径、端面、内孔编程设置，具体步骤可参照之前所学。

3）创建车铣复合螺旋槽联动编程工序。选择菜单栏"曲面"—选择工具栏"恢复修剪"—单击零件的螺旋槽，使零件螺旋槽恢复到原始状态。具体步骤如图 11-26 所示。

4）选择菜单栏"线框"—选择工具栏"按平面曲线切片"下面的小三角—选择"曲线流线"—设置"曲线流线"对话框中曲线质量的数量"5"—设置方向"V(V)"。逐个选取所有管道曲面（在曲面上会生成 3 条曲线）。具体步骤如图 11-27 所示。

5）选择菜单栏"线框"—选择工具栏"手工画曲线"下面的小三角—选择"转成单一曲线"—利用串连功能将曲线进行串连—将原始曲线进行删除，并将转换完成的曲线移动到第 13 层（转换的曲线共两根），同时删除多余的曲线。具体步骤如图 11-28 所示。

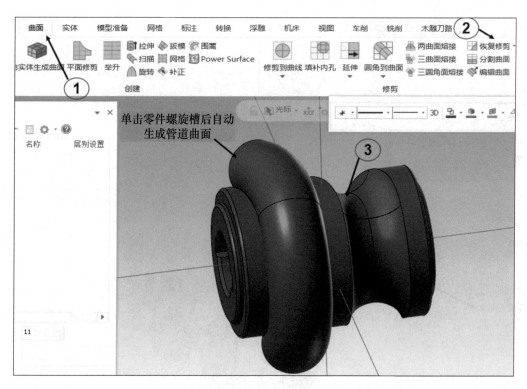

图 11-26　XYZBC 五轴联动车铣复合编程之螺旋槽编程 1

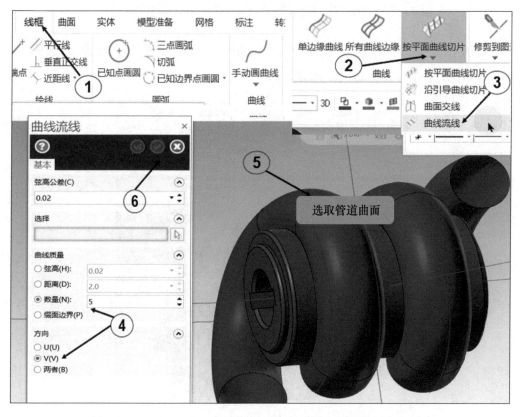

图 11-27　XYZBC 五轴联动车铣复合编程之螺旋槽编程 2

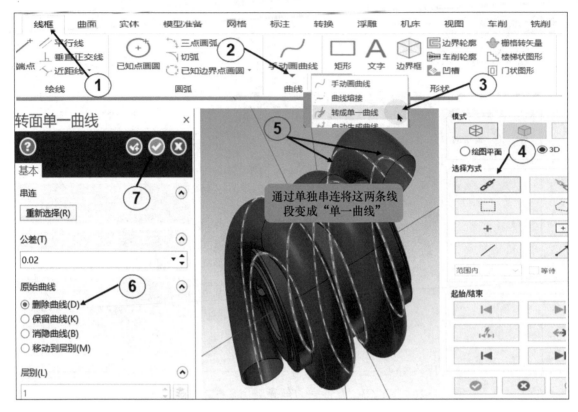

图 11-28 XYZBC 五轴联动车铣复合编程之螺旋槽编程 3

6）连接转换完成的两根曲线，并扫描成曲面—将扫描后的曲面移动到第 14 层。具体步骤如图 11-29 ～图 11-31 所示。

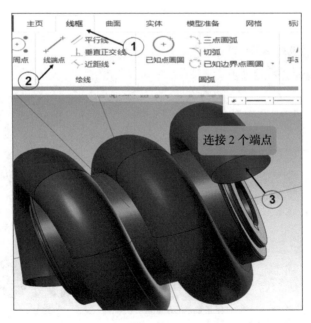

图 11-29 XYZBC 五轴联动车铣复合编程之螺旋槽编程 4

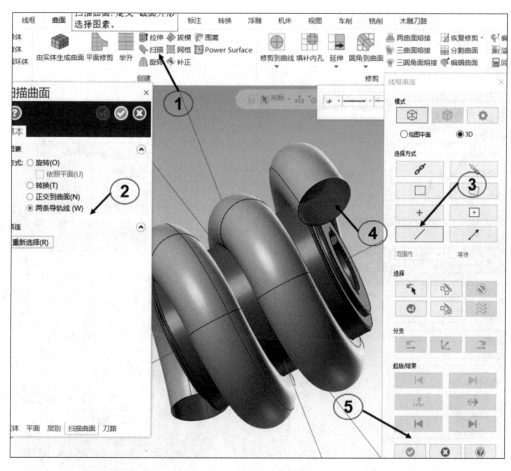

图 11-30　XYZBC 五轴联动车铣复合编程之螺旋槽编程 5

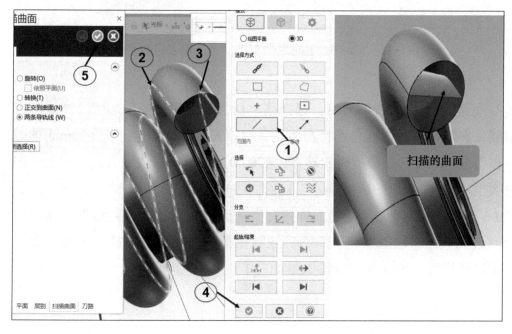

图 11-31　XYZBC 五轴联动车铣复合编程之螺旋槽编程 6

7）创建"曲线流线"，并将中心线移动到第 15 层，关闭第 14 层，打开第 11 层。具体步骤如图 11-32 所示。

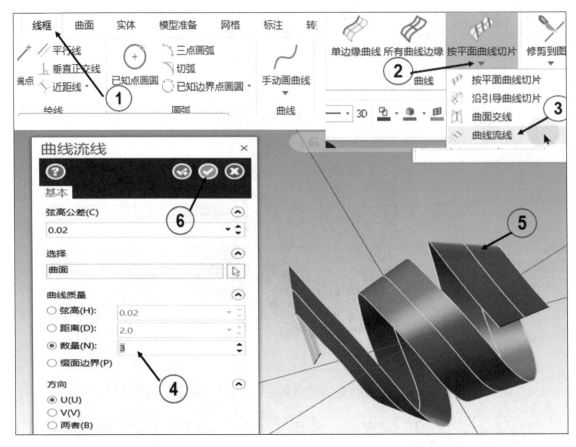

图 11-32　XYZBC 五轴联动车铣复合编程之螺旋槽编程 7

8）创建多轴"曲线"刀路。选择菜单栏"铣削"—多轴加工"曲线"，打开"曲线"参数设置对话框—选择左边工具栏"刀具"—创建一把 $\phi20mm$ 球刀—设置主轴转速"2000"—设置进给速率"2200.0"—选择左边工具栏"切削方式"—曲线类型"3D 曲线"—选择刚才创建的曲线—关闭"补正方式"—更改最大步进量"0.5"—选择左边工具栏"刀轴控制"—选择刀轴控制"到点"—捕捉原点—选择左边工具栏"碰撞控制"—刀尖控制在补正的曲面上选择零件加工曲面，其余采用默认设置。部分具体步骤如图 11-33～图 11-36 所示。

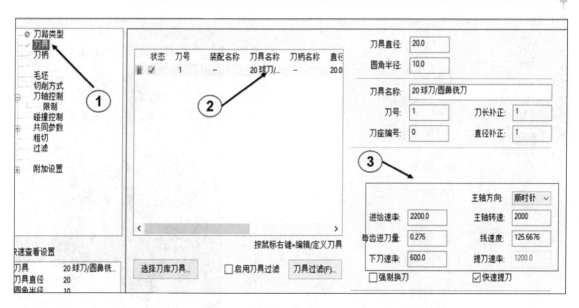

图 11-33　XYZBC 五轴联动车铣复合编程之螺旋槽编程 8

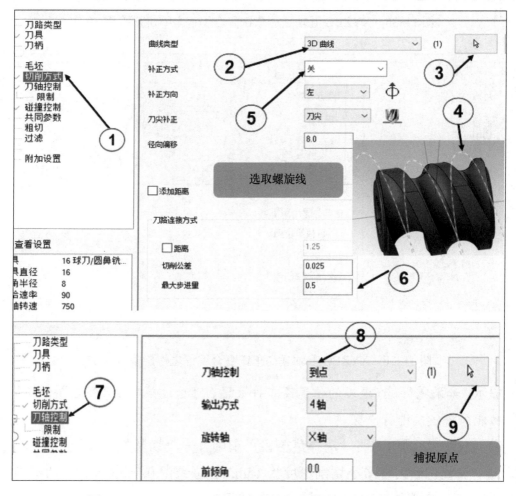

图 11-34　XYZBC 五轴联动车铣复合编程之螺旋槽编程 9

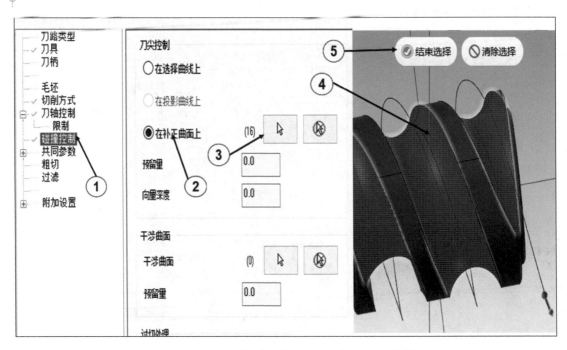

图 11-35　XYZBC 五轴联动车铣复合编程之螺旋槽编程 10

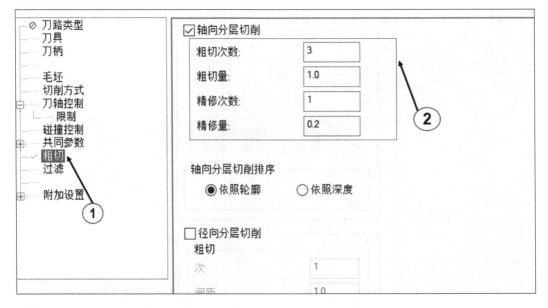

图 11-36　XYZBC 五轴联动车铣复合编程之螺旋槽编程 11

提示： 如果觉得进／退刀的位置离工件太远，可通过菜单栏"线框"——"两点打断"功能，将线段进行修剪。

9）创建"切槽"刀路。选择菜单栏"车削"——"切断"——设置一把 3mm 宽切断刀——设置切断刀杆最小切削深度为 15mm，总长留 0.5mm 余量，切槽半径为 12.5mm。部分步骤如图 11-37 ～图 11-39 所示。

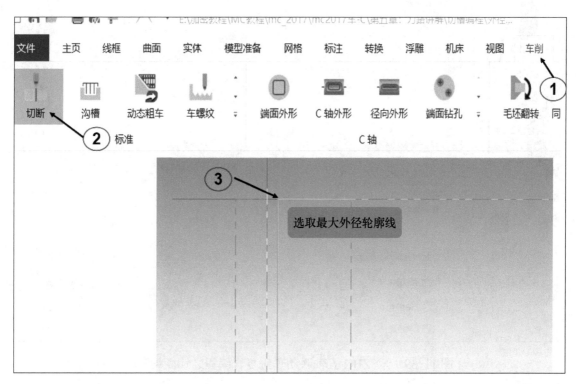

图 11-37　XYZBC 五轴联动车铣复合编程之切断编程 1

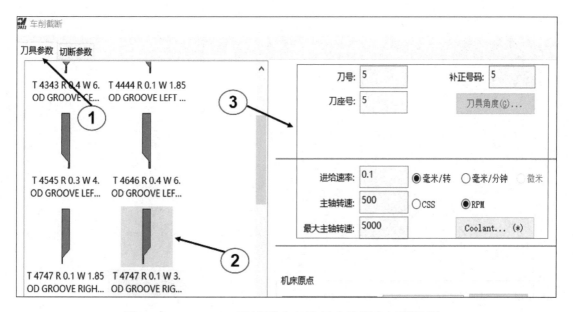

图 11-38　XYZBC 五轴联动车铣复合编程之切断编程 2

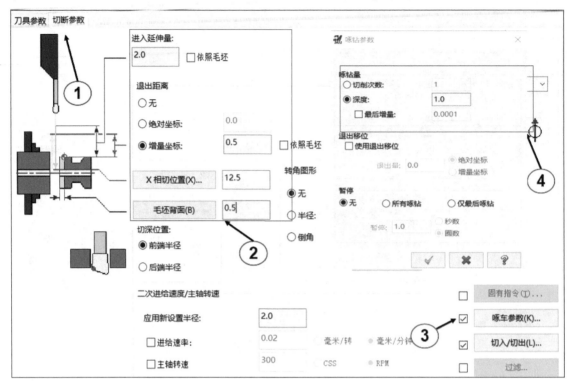

图 11-39　XYZBC 五轴联动车铣复合编程之切断编程 3